广东教育学会中小学阅读研究专业委员会

推荐阅读

物理学科素养阅读丛书

丛书主编　赵长林　　　　丛书执行主编　李朝明

物理学中的悖论与佯谬

周长春　著

SPM 南方传媒
全国优秀出版社
全国百佳图书出版单位 广东教育出版社
·广　州·

图书在版编目（CIP）数据

物理学中的悖论与佯谬 / 周长春著 . — 广州 : 广东教育出版社，2024. 3
（物理学科素养阅读丛书 / 赵长林主编）
ISBN 978-7-5548-4781-7

Ⅰ . ①物…　Ⅱ . ①周…　Ⅲ . ①物理学—悖论—研究　Ⅳ . ① O4

中国版本图书馆 CIP 数据核字（2021）第 271784 号

物理学中的悖论与佯谬
WULIXUE ZHONG DE BEILUN YU YANGMIU

出 版 人：朱文清
策 划 人：李世豪　唐俊杰
责任编辑：林桥基　黄子丰
责任技编：余志军
装帧设计：陈宇丹　彭　力
责任校对：裴　芳
出版发行：广东教育出版社
　　　　（广州市环市东路472号12-15楼　邮政编码：510075）
销售热线：020-87615809
网　　址：http://www.gjs.cn
E-mail：gjs-quality@nfcb.com.cn
经　　销：广东新华发行集团股份有限公司
印　　刷：广州市岭美文化科技有限公司
　　　　（广州市荔湾区花地大道南海南工商贸易区A幢）
规　　格：787 mm × 980 mm　1/16
印　　张：13.5
字　　数：338千字
版　　次：2024年3月第1版　2024年3月第1次印刷
定　　价：54.00元

若发现因印装质量问题影响阅读，请与本社联系调换（电话：020-87613102）

总序

学习物理的门径

由赵长林教授担任丛书主编的“物理学科素养阅读丛书”，述及与中学物理课程密切相关的物理学中的假说、模型、基本物理量、常量、实验、思想实验、悖论与佯谬、前沿科学与技术等方面。丛书定位准确，视野开阔，既有深入的介绍分析，也有进一步的提炼、概括和提高，还从不同的视点，比如说科学哲学或逻辑学的角度进行解读，对理解物理学科的知识体系，进而形成科学的自然观和世界观，发展科学思维和探究能力，融合科学、技术和工程于一体，养成科学的态度和可持续发展的责任感有很大的帮助。丛书文字既深入严谨又通俗易懂，是一套适合学生的学科阅读读物。

丛书的第一个特点是突出了物理学的思想方法。

物理学对于人类的重大贡献之一就在于它在科学探索的过程中逐步形成了一套理性的、严谨的思想方法。在物理学的思想方法形成之前，人们不是从实际出发去认识世界，而是从主观的臆想或者神学的主张出发建立起一套唯心的理论，也不要求理论通过实践来检验。物理学推翻了这种以主观臆测和神学主张为基础的思想方法，在探究自然的过程中开展广泛而细致的观察，在观察的基础上通过理性的归纳形成物理概念，再配合以精确的测量，将物理概念加以量化，进一步探索研究量化的物理规律，形成物理学的理论体系。这种方法将抽象的、形而上的理论与具象的、形而下的实践联系起来，成为人类认识和理解自然界物质运动变化规律的有力武器。物理学的思想方法非常丰富，包含了三个不同的层次。第一是最普遍的哲学方法，如：用守恒的观点去研究物质运动的方法，追求科学定律的简约性等；第二是通用的科学研究方法，如：观察、实验、抽象、归纳、演绎等经验科学方法；第三是专门化的特殊研究方法，即物理学科的规律、知识所构成的特殊方法，如光谱分析法等。物理学方法既包括高度抽象的思辨和具象实际的观察测量，也包括海阔天空的想象。物理学家在长期的科学探索活动中，形成科学知识并且不断地改变人类认识世界的方法，从物理学基本的立场观点到对事物和现象的抽象或逻辑判断，再到一些特有的方法和技巧，这些都是人类赖以不断发展进步的途径。因此，物理学的思想方法就不仅涉及自然，还涉及人和自然的相互作用与对人本身的认识。抓住物理的思想方法，不仅有利于深入理解物理学的知识体系，还有利于形成科学的自然观和世界观，达到立德树人的目标。

丛书的第二个特点是注意引发学生的学习欲望，从而进行深度学习。

现代教育心理学研究告诉我们，在学校环境下学生的学习过程有两个特点[①]：第一，学生的学习和学生本身是不可分离的。这就是说，在具体的学习情境中，纯粹抽象的“学习”是不存在或不可能发生的，存在的只是具体某个学生的学习，如“同学甲的学习”或“同学乙的学习”。第二，学生所采取的学习策略与学习动机是两位一体的，有什么样的动机，就会采取与之相匹配的学习策略，这种匹配的“动机-策略”称为学习方式。也就是说，如果同学甲对所学的内容没有求知的欲望或不感兴趣，那他在学习时就会采取被动应付的态度和马虎了事的策略，对所学内容不求甚解、死记硬背，或根本放弃学习。相反，如果同学乙有强烈的学习欲望或对学习内容有浓厚的兴趣，他就会深入地探究所学内容的含义，理解各种有

① BIGGS J, WATKINS D. Classroom learning: educational psychology for Asian teacher [M]. Singapore: Prentice Hall, 1995.

关内容之间的关系，逐步了解和掌握相关的学习与探究的方法。第一种（同学甲）的学习方式是表层式的学习，第二种（同学乙）的学习方式是深层式的学习。此外，在东亚文化圈的学生中还大量存在着第三种学习方式——成就式的学习，即学生对学习的内容本来没有兴趣和欲望，但为学习的结果（如考试分数）带来的好处所驱动，会采取一些能够获得好成绩的策略（如努力地多做练习题）。在同一个学校、同一间课室里学习的学生，由于他们的动机和策略，也就是学习方式的不同，产生了不同的学习效果。当然，效果还与学生的元认知水平及天资有关。本丛书的作者有意识地提倡深度（深层次）的阅读，书中的大部分内容以问题为引子，用历史故事或相互矛盾的现象，引发读者的好奇，再按照物理发现的思路逐步引导读者探究问题。在这一过程中，注意点明探究和解决问题遵循的思路和方法，达到引导读者进行深度学习的目的。

丛书的第三个特点在于详细、深入、系统地介绍对启迪物理思维有重要作用的相关知识，注意通过知识培养素养。

有的人也许会问，今天的教育是以培养和发展学生的科学素养为核心，知识学习是次要的，有必要花那么多时间来学习知识吗？这种观点是片面和错误的。物理学的成就首先就表现为一个以严谨的框架组织起来的概念体系。如果对物理学的知识体系没有基本和必要的了解，就无法理解物理，无法按照科学的方法去思考和探究。确实，物理学知识浩如烟海，一个人即使穷其毕生之力也只能了解其中的一小部分，就算积累了不少物理知识，但如果不能抓住将知识组织起来的脉络和纲领，得到的也只是一些孤立的知识碎片，不能构成对物理学的整体的理解。然而，物理学的知识又是系统而严谨的。每一个概念以及概念之间的关系都有牢固的现实基础和逻辑依据，从简单到复杂，从宏观到微观，从低速到高速，步步为营，相互贯通，反映了现实世界的“真实”。物理知识是纷繁复杂的，也是简要和谐的。只要抓住了物理知识体系的纲领脉络，就能够化繁为简，找到通往知识顶峰的道路，以理解现实的世界，创造美好的未来，这也是物理学对人类的最大贡献之一。况且，物理学的思想方法是隐含在物理知识的背后，隐含在探索获取知识的过程之中的。对物理学知识一无所知，就不可能了解物理学的思想方法；不亲历知识探索的过程，就不可能掌握物理学的思想方法。学习物理知识是认识、理解、运用物理思想方法的必由之路，也是形成物理科学素养的坚实基础。因此，本丛书在介绍物理学知识中，一是介绍物理学思想方法，帮助读者构建

物理学知识体系和形成物理思维，对于培养物理学科素养很有裨益；二是扩大读者的视野，打开读者的眼界，不仅从纵向说明物理学的历史进展，介绍物理学的最新发展、物理学与技术和工程的结合，更重要的是联系科学发展的文化背景、科学与社会之间的互动与促进，认识物理学的发展在转变人的思想、行为习惯和价值观念方面的作用，体会“科学是一种在历史上起推动作用的、革命的力量”①，“把科学首先看成是历史发展的有力杠杆，看成是最高意义上的革命力量”②。

课改二十年过去了。一代又一代人躬身课程与教学研究，探寻、谋变、改革、创新交相呼应。本丛书是这段旅程的部分精彩呈现，相信一定会受到读者欢迎，在“立德树人”的教育实践中发挥它的应有之义。

高凌飚

2023年于羊城

① 马克思，恩格斯．马克思恩格斯全集：第19卷［M］．北京：人民出版社，1963：375.

② 马克思，恩格斯．马克思恩格斯全集：第19卷［M］．北京：人民出版社，1963：372.

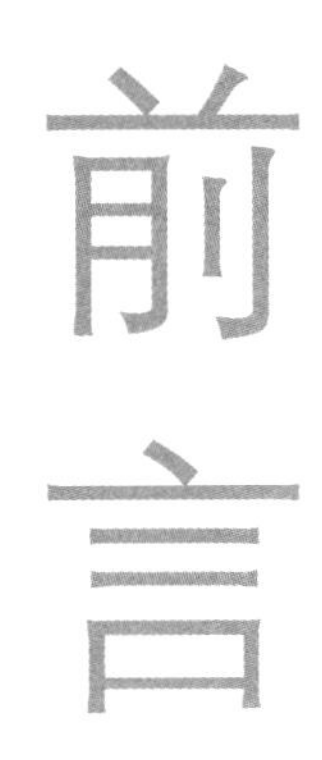

前言

洞察物理之窗

相对于其他自然科学来说，物理学研究的内容是自然界最基本的，它是支撑其他自然科学研究和应用技术研究的基础学科。物理学进化史上的每一次重大革命，毫无疑义都给人们带来对世界认识图景的重大改变，并由此而产生新思想、新技术和新发明，不仅推动哲学和其他自然科学的发展，而且物理学本身还孕育出新的学科分支和技术门类。从历史上的诺贝尔奖统计情况来看，物理学与其他学科相比，获奖的人数占比更大，从一个侧面说明了这一点。我国新高考方案发布后，物理学科在中学的学科教学地位得以凸显，也正是应验了物理学科特殊的地位。

试举一例。

人们对物质结构的认识，最早始自古希腊时代的“原子说”，这个学说的创始人是德谟克利特和他的老师留基伯。他们都认为万物皆由大量不可分割的微

小粒子组成，“原子”之意即在于此。德谟克利特认为，这些原子具有不同的性质，也就是说，在自然界同时存在各种各样性质不同的原子。他的“原子说”虽然粗浅，但现在仍能用来解释固体、液体和气体的某些物理现象。到了17世纪，人们的认识不再囿于纯粹的思辨和假说，各种实验、发现和发明纷至沓来。1661年，英国的物理学家和化学家玻意耳在实验的基础上提出“元素”的概念，认为“组成复杂物体的最简单物质，或在分解复杂物体时所能得到的最简单物质，就是元素”。现在化学史家们把1661年作为近代化学的开始年代，因为这一年玻意耳编写的《怀疑派化学家》一书的出版对后来化学科学的发展产生了重大而深远的影响。玻意耳因此还成为化学科学的开山祖师、近代化学的奠基人。玻意耳认为物质是由各种元素组成的，这个含义与我们现在的理解是一样的。至今我们已经找到了100多种构成物质的元素，列明在化学元素周期表上。

把原子、元素概念严格区别开来，提出“原子分子学说”的是道尔顿和阿伏加德罗。道尔顿认为，同种元素的原子都是相同的。在物质发生变化时，一种原子可以和另一种原子结合。阿伏加德罗把结合后的“复合原子”称作“分子”，认为分子是组成物质的最小单元，它与物质大量存在时所具有的性质相同。

到了19世纪中叶，有关原子、元素和分子的概念已被人们普遍接受，这为进一步研究物质结构打下了坚实的基础。

19世纪末，物理学家们立足于对电学的研究，不断思考物质结构的问题。最引人注目的发现主要有：德国物理学家伦琴利用阴极射线管进行科学研究时发现X射线；法国物理学家贝可勒尔发现了天然放射性；英国物理学家汤姆孙发现了电子。这三个重大发现在前后三年时间内完成，原子的“不可分割性”从此寿终正寝，科学家的思维开始进入原子内部。

迈入20世纪后的短短几十年间，物理学家对原子结构的探索可谓精彩纷呈，质子、中子、中微子、负电子等多种粒子的发现，不仅证实了原子的组成，而且还证实了原子是能够转变的！在伴随着科学家绘制的全新原子世界图景里，能量子、光量子、物质波、波粒二象性、不确定关系等这些与物质结构联系在一起的概念已经让人们对自然世界有了颠覆性认识！

以上是从物理学家对物质结构探索这个基本方面梳理出的一个大致脉络。循着这条线索，我们能感受到物理学在自然科学研究中所产生的强大推动力。物理学研究自然界最基本的东西还有很多方面，比如时间和空间的问题等，有兴趣的读者不妨仿照以上方式进行梳理。正是物理学对自然界这些最基本问题的不

断探索所形成的自然观、世界观、方法论，引领其他自然科学的发展，对科学技术进步、生产力发展乃至整个人类文明都产生了极其深刻的影响。在这里，尤其要提到的是，以量子物理、相对论为基础的现代物理学，已经广泛渗透到各个学科和技术研究领域，成就了我们今天的生活方式。

接下来谈谈物理学的基本研究思路体系，请看图1：

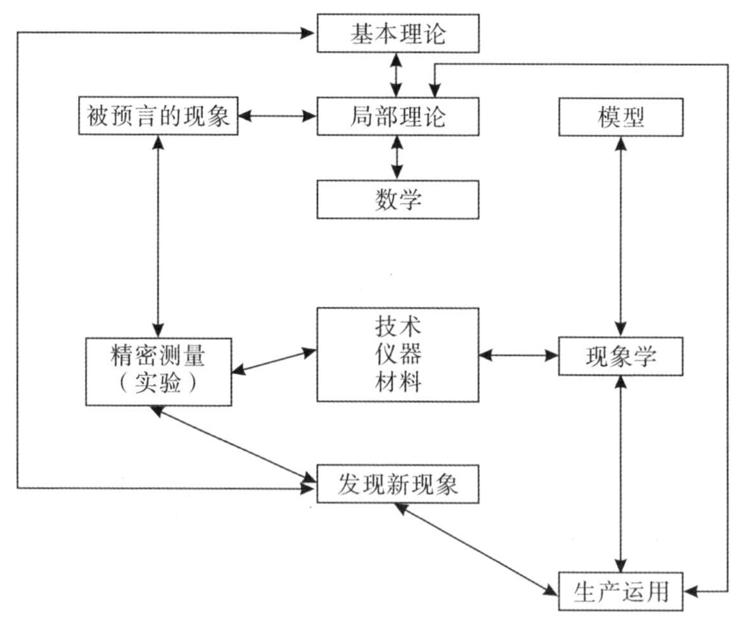

图1　物理学基本研究思路体系示意图

如果我们把这个体系看成是一个活的有机体，每个方框代表这个有机体的一个“器官”，想象一下这个有机体的生存和发展，还是很有趣的。在这个体系中，各个不同的部分互相依存，它们代表着复杂的相互作用系统，并随着时间而进化。如果切除某个“器官”，这个有机体就难以存活下去。对这种比喻性的理解，有助于我们看清物理学的基本研究思路体系的本来面目并加以重视。在理论方面，你也许会想起牛顿、麦克斯韦、爱因斯坦；在实验方面，你也许会想起伽利略、法拉第、卢瑟福；在数学方面，你也许会想起欧几里得、黎曼、希尔伯特。无论你从哪个“器官”想起谁，都会感受到这些科学家在源源不断地通过这些“器官”向这个有机体输送营养，也许未来的你也会是其中的一个。

现在，中学物理课程和教材体系基本上依照上述体系构成。为了强化对这个体系的理解，在这里有必要强调一下理论和实验（测量）的问题。二者构成物理学的基本组成部分，它们之间是对立与统一的关系。理论是在实验提供的经验材料基础上进行思维建构的结果，实验是在理论指导下，在问题的启发下，有目的地寻求验证和发现的实践活动。理论和实验发生矛盾时，就意味着物理学的进化，矛盾尖锐时，就意味着理论将有新的突破，表现为物理学的“自我革命”。一个经典的事例就是发生在20世纪之交物理学上空的“两朵乌云”［英国著名物理学家威廉·汤

姆孙（开尔文勋爵）之语］。他所说的“第一朵乌云”，主要是指迈克耳孙-莫雷实验结果和以太漂移说相矛盾；“第二朵乌云”主要是指热学中的能量均分定理在气体比热以及热辐射能谱的理论解释中得出与实验数据不相符的结果，其中尤其以黑体辐射理论出现的“紫外灾难”最为突出。正是这“两朵乌云”，导致了现代物理学的诞生。但是从物理学的发展历史来看，我们绝不可因此否认进化对物理学发展的重大意义。实际上，正是由于如第4页图中所展示出来各要素之间的相互作用，物理学才会处于进化与自我革命的辩证发展中。

上面谈及的两个方面可以说是引领你进入物理学之门的准备知识，希望因此引起你对物理学的好奇，进而学习物理的兴趣日渐浓厚。要系统掌握物理学，具备今后从事物理学研究或相关工作的关键能力和必备品格，我们必须借助物理教材。教材是非常重要的启蒙文本，它是根据国家发布的课程方案和课程标准来编制的，大的目标是促进学生全面且有个性的发展，为学生适应社会生活、职业发展和高等教育作准备，为学生的终身发展奠定基础。现在的物理教材非常注重学科核心素养的培养，主要体现在物理观念、科学思维、科学探究、科学态度与责任四个方面。在这四个方面中，科学思维直接辐射、影响着其他三个方面的习得，它是基于经验事实建构物理模型的抽象概括过程，是分析综合、推理论证等方法在科学领域的具体运用，是基于事实证据和科学推理对不同观点和结论提出质疑和批判，进行检验和修正，进而提出创造性见解的能力与品格。科学思维涉及的这几个方面在物理学家们的研究工作中也表现得淋漓尽致。麦克斯韦是经典电磁理论的集大成者。他总结了从奥斯特到法拉第的工作，以安培定律、法拉第电磁感应定律和他自己引入的位移电流模型为基础，运用类比和数学分析的方法建立起麦克斯韦方程组，预言电磁波的存在，证实光也是一种电磁波，从而把电、磁、光等现象统一起来，实现了物理学上的第二次大综合。在这里，我们引用麦克斯韦的一段原话来加以注脚和说明是合适的：

> 为了不用物理理论而得到物理思想，我们必须熟悉物理类比的存在。所谓物理类比，我指的是一种科学的定律与另一种科学的定律之间的部分相似性，它使得这两种科学可以互相说明。于是，所有数学科学都是建立在物理学定律与数的定律的关系上，因而精密的科学的目的，就是把自然界的问题简化为通过数的运算来确定各个量。从最普遍的类比过渡到部分类比，我们就可以在两种不同的产生光的物理理论的现象之间找到数学形式的相似性。

这几年，我和粤教版国标高中物理教材的编写与出版打起了交道。在工作中深感教材编写工作责任重大，在教材中落实好学科核心素养并不是一件容易的事情。作为编写者，必须对物理学的世界图景独具慧眼，尽可能做到让学生“窥一斑而知全豹，处一隅而观全局”，还要有“众里寻他千百度，蓦然回首，那人却在灯火阑珊处”的感悟。渐渐地，我心中萌生起以物理教材为支点，为学生编写一套物理学科素养阅读丛书的想法。经过与我的同门学友、德州学院校长赵长林教授充分探讨后，我们将选材视角放在了物理教材涉及的比较重要的关键词上——七个基本物理量、假说、模型、实验、思想实验、常量、悖论与佯谬、前沿科学与技术，试图通过物理学的这些“窗口”让学生跟随物理学家们的足迹，领略物理学的风景，从历史与发展的角度去追寻物理学科核心素养的源泉。这些想法很快得到了来自高校的年轻学者和中学一线名师的积极呼应，他们纷纷表示，这是一个对当前中学物理学科教学“功德无量”的出版工程，非常值得去做，而且要做到最好。令我感动的是，自愿参加这个项目写作的作者经常在工作之余和我探讨写作方案，数易其稿，遇到困惑时还买来各种书籍学习参考。最值得我高兴的是，赵长林教授欣然应允我的邀约，担任丛书主编，在学术上为本丛书把脉。在本丛书即将付梓之时，我代表丛书主编对这个编写团队中相识的和还未曾谋面的各位作者表示衷心的感谢，对大家的辛勤劳动和付出致以崇高的敬意！

本丛书的出版得到了广东教育学会中小学生阅读研究专业委员会和广东省中学物理教师们的大力支持，在此一并致谢！

李朝明

2023年11月

献给

我中学时代的物理老师和数学老师

李　淮　刘文玉　梁安宁　李泽忠

刘冠群　陈冬英　曹丛林　谭明珠

目
录

导言

物理悖论思维的本质及意义

PARADOX

科学中的悖论，是一个与科学发展有着密切关系的重要问题，物理学属于科学的范畴，物理学中的悖论自然是伴随着物理学的发展而产生的。

一、悖论是什么，不是什么

“悖论”一词由来已久，是英语单词“paradox”的中译，它源自希腊词“παράδοξα”以及拉丁词“paradoxa”。最早的悖论可追溯到“说谎者悖论”。“说谎者悖论”是公元前6世纪古希腊一个名叫埃匹门尼德的克里特岛人最早提出的经典悖论，埃匹门尼德将“说谎者悖论”表述为“所有克里特岛人都说谎”。“说谎者悖论”之所以经典，是因为如果埃匹门尼德所言为真，那么克里特岛人就全是说谎者，身为克里特岛人之一的埃匹门尼德自然也不例外，于是他说的这句话应为谎言，但这跟先前假设此言为真相矛盾；又假设此言为假，也就是说所有克里特岛人都不说谎，或有些克里特岛人不说谎，本身也是克里特岛人的埃匹门尼德可能就不是在说谎，就是说这句话可能是真的，但如果这句话是真的，又会产生矛盾。这个无法解决的悖论困扰了人类几千年，也挑战了人类智慧几千年，对西方社会和学术界都有很大影响。

那么，悖论是什么?

《现代汉语词典》将“悖”解释为“相反；违反”“违背道理；错误”和“迷惑；糊涂”，将“悖论”解释为“逻辑学指可以同时推导或证明两个互相矛盾的命题的命题或理论体系”。从字面上说，悖论是指与公认的信念、看法或共识相反的命题，或自相矛盾的命题，或荒谬的理论等。

流行的说法是：悖论就是指这样的一个命题，由它的真，可以推出其为假，而由它的假，又可以推出其为真。这种说法，比起仅仅从字面上理解悖论，显然前进了一大步，但它仍然是不精确、不全面的。

从一组看似合理的前提出发，通过有效的逻辑推导，得出一对自相矛盾的命题，它们与当时普遍接受的常识、直观感受、理论相冲突，但又不容易弄清楚问题出在哪里，我们亦称之为悖论。这种说法是指逻辑推理结论与前提相悖。持这种观点的关键是从某些真实性本来就可疑的前提出发推导出矛盾。

南京大学哲学系教授、博士生导师张建军将逻辑悖论作如下定义：逻辑悖论是指这样一种理论事实或状况，即在某些公认正确的背景知识之下，可以合乎逻辑地建立两个矛盾语句相互推出的矛盾。这种观点实质上是将悖论当作一种逻辑矛盾。

北京大学哲学系外国哲学研究所教授陈波推崇如下定义：如果某一个理论的公理和推理规则看上去是合理的，但在这个理论中却推出了两个互相矛盾的命题，或者证明了这样一个命题，它表现为两个互相矛盾的命题的等价式，那么，我们说这个理论包含一个悖论。陈波将其解读为“如果从看起来合理的前提出发，通过看起来有效的逻辑推导，得出了两个自相矛盾的命题或这样两个命题的等价式，则称导出了悖论”。这种观点的要点在于：推理的前提看似明显合理，推理过程看似合乎逻辑，推理的结果则是自相矛盾的命题或者是这样的命题的等价式。

接着，再来说说悖论不是什么。

（一）悖论不是谬误

谬误与悖论的推理前提不同。从字面上看，谬误是错误、差错的意思；从逻辑学层面上看，谬误是指有缺陷的推理，它不是指一般的虚假、错误、荒谬的认识、命题或理论，而是指推理或论证过程中所犯的逻辑错误。谬误有广义和狭义的区分。广义的谬误通常指与真理相反的、虚假的、错误的、荒谬的或与客观实际不一致的认识、命题或理论。狭义的谬误是指违反思维规律或规则的议论，特别是指在推理或论证过程中所犯的逻辑错误。一个推理和论证要得出真实的结论，必须满足两个条件：一是前提真实，二是从前提能够合乎逻辑地推出结论。谬误常常出现在前提与结论的逻辑关系上，它是指那些貌似正确、具有某种心理说服力，但经仔细分析之后却发现其为无效的推理或论证形式。

一般而言，谬误有以下特点：

1. 陈述前提有问题。论证的前提不真实或未被证明为真实，或论证利用了未明确陈述的前提，而未陈述的前提却是假的或者是有问题的。

2. 推理步骤存在逻辑问题。从前提推出结论的过程中，有些步骤不合逻辑，有意无意地违反了逻辑规则。

3. 利用了有心理、情感说服力却没有理性说服力的论证手段，如诉诸权威、人身攻击等。

4. 谬误大多是局部性、浅层的和表面的，很容易被识别出来。

5. 谬误很容易被反驳和消解掉，不会长久造成不良后果。

悖论与谬误相同的地方在于：有些悖论前提有缺陷，或者某些推理步骤有问题。但两者不同的地方在于：悖论是更深层的和全局性的，源自我们的理智深处；产生悖论的真正原因很难被发现；悖论也很难被消解，一种解悖方案常会产生另外的严重问题，甚至新产生的问题与原来的悖论一样令人讨厌，可能更难以被人接受。

（二）悖论不是诡辩

诡辩与悖论的前提要求不同。要么有意识地运用谬误的推理形式去证明某个明显错误的观点，以便诱使人受骗上当；要么将水搞浑，以便浑水摸鱼，然后从中不当谋利，这就是诡辩。德国哲学家黑格尔指出："诡辩这个词通常意味着以任意的方式，凭借虚假的根据，或者将一个真的道理否定了，弄得动摇了，或者将一个虚假的道理弄得非常动听，好像真的一样。"因此，诡辩是一种故意违反逻辑规律或规则、为错误观点所进行的似是而非的论证和辩护。正因为这样，亚里士多德将诡辩家描绘成假装聪明、貌似具有智慧，而实际上并不聪明、没有智慧，只是利用表面上貌似的聪明而非真正的智慧去赚钱的人。

粗略说来，诡辩有以下特点：

1. 诡辩者居心不良，有意为错误观点辩护，试图把水搅浑，以谋取不当利益。

2. 诡辩者有意使用虚假前提。

3. 诡辩者有意使用不合逻辑的推理技巧。

4. 诡辩者的错误是局部性、浅层和表面的。

5. 诡辩很容易被发现和被反驳。

悖论与诡辩最大的不同在于：悖论是诚实而严肃的理智探

讨的结果，其目的是探求真理、追求智慧；悖论的发现不仅使其他同行和外行感到吃惊，而且首先使发现者自己感到吃惊；悖论对严肃的思考者都构成理智的折磨；悖论源自我们的理智深处，其产生原因非常复杂，不那么容易被消解。

（三）悖论不是矛盾

矛盾与悖论的针对对象不同。“矛盾”在词典里的解释之一为“矛与盾是古代两种作用不同的武器”，它们作用刚好相反，矛是进攻性武器，盾是防御性武器，由此可知，“矛”与“盾”是指相互对立的关系，它涉及两个不同的事物或者事物的两个方面，所以相互矛盾的事物彼此对立。矛盾存在于彼此对立的双方之中，矛盾的双方相互依存，缺少其中任何一方，都无法构成“矛盾”。不论是单一事物还是事物的单一方面，均不可能构成矛盾，就好像我们不能说一个物体“既存在又不存在”，如荒唐地断言“月亮，在没有人看它时，它肯定不存在”。正如《矛与盾》的故事里出现的情景一样，两句话才能产生矛盾，如果卖矛的商人单说“我的矛是市面上最锋利的”，即使有些夸张但不会产生矛盾；如果卖盾的商人单说“我的盾是市面上最坚固的”同样不会有矛盾。只有当同一个商人，在同一地点先后一起说出这两句话时矛盾才会呈现。我们还可以进一步思考，如果是两个相邻的商人，其中一个卖矛、另一个卖盾，他们分别说自己的产品是市面上最好的，如果这时提出“用你的矛刺他的盾会如何”会构成矛盾吗？也不会构成矛盾，这只能通过实践来检验其中一个商人说的话可能为真，另一个商人说的话肯定为假，涉及的仅是诚信问题而已。

而悖论是“似是而非”的意思，悖论指的是判断的性质而不是双方的关系，这是它与矛盾的关键性的区别；悖论存在于单独的物体或单独的事件之中，而不是在两个物体或两个事件之间；由悖论做出的判断，只是“引起矛盾”，而不是“双方矛盾”，引起矛盾指的是可能引起违背常识、常理、公理、直觉或者产生矛盾等等类似的结果；在《矛与盾》的故事里，如果从结果来看，故事是矛盾的，但如果从生意人来看，这个矛盾的结果正是来自他所说的话，因而就具有了悖论意义。

二、物理悖论的特点

物理悖论在物理学的发展历程中之所以重要，是因为有些物理悖论挑战经典物理学理论，有些则凸显出经典物理违背直觉的特性。这些物理悖论具有以下四个特点：

（一）违反常识，有悖直觉

悖论有悖常理，有悖于关于相应概念的常识、直觉、经验等，因此，物理悖论思维与传统认知思维正好相反。注意常识和直觉的区别，常识往往是理性分析的结果，而直觉里面也往往包含着认识主体的理性知识背景，因此，常识和直觉既有感性的、经验的成分，也有理性的成分。如芝诺主张“运动不可能”，芝诺悖论直接挑战人们关于“运动、时间和运动快慢”的直觉与共识。再如“两分法”的大前提没有问题，整个推理过程看似也没有问题，但这个推理得出的结果却完全有悖常理。又如“波粒二象性”挑战人们关于波与粒子不相容的共识和关于波与粒子之间存在着矛盾的看法。波与粒子是两个用来

描述物质世界的形象化概念，波和粒子具有不同的物理属性，是不相容的。正因为这样，关于光的本性之争，在刚开始时，牛顿主导的光的微粒说占上风，后来惠更斯主导的波动说得到了复兴，再到后来微粒说又得到了复兴，最后由爱因斯坦统一起来，提出光的波粒二象性，光既具有波的属性，也具有粒子的属性，即光具有波和粒子两重表象，波粒关系就像冰水关系，光的波粒二象性最后发展为物质的波粒二象性。再如“双生子佯谬”中的“弟弟比哥哥更年轻”，直接挑战关于时间绝对不变、空间绝对不变的绝对时空观和生活常理；“薛定谔的猫”挑战人们关于生与死的看法；“紫外发散佯谬”挑战能量是连续的共识，等等。

（二）猜测新颖，真理潜在

古希腊人将哲学当作一种生活方式，是最早对大自然表现出好奇心的群体之一，因此，他们会提出万物是由什么构成的问题，也就没有什么奇怪的了。古希腊文明是西方文明的源头，我们现在所了解的哲学和科学都源自古希腊。由于自然的变化规律隐蔽潜伏在自然现象之中，当古希腊人在认识问题发生困难时，往往可以利用相悖思维提出一些与原有观念、理念、理论反常的命题。在回答万物是由什么构成的问题时，古希腊哲学家毕达哥拉斯率先提出了“万物皆数”的观念，认为数学是解释自然的第一要素，之后相继出现了其他学派，提出了“万物皆水”“万物皆流”“万物皆静”“万物归一”等观念。芝诺是“万物皆静”的信徒，主张运动是不可能的，为了反驳“万物皆流”的观念，他提出了“芝诺悖论”。

（三）承上启下，混沌模糊

悖论思维面临的是全新的未知问题，新问题的解决往往又受已有的认知结构的影响；悖论的提出不能完全脱离已有的理论孤立地进行，也不能没有目标地胡思乱想。此外，一个悖论提出时，当时的人可能并没有意识到这是一个新的理论体系的来临，仅仅只是把它当作一个新问题而已。如惠更斯将光现象与声音类比提出波动说，但惠更斯没有意识到光是横波，波动说无法解释当时的偏振现象。

（四）矛盾冲突，或明或隐

导致矛盾或冲突的是一组信念或命题，它们各自都得到很好的论证，放弃其中一个都会感到棘手，甚至会带来很大的麻烦。如粒子的运动与波动极不相同，在水波的传播中，水粒子只做上下运动，观察到的波的运动是一种物质（如众多水粒子媒质）的状态的运动，而不是物质本身的运动。粒子的运动是物质的运动，而波传播的是媒质的振动状态；粒子是物质质量存在的形式，有粒子就有质量，而波是能量传播的方式，有波就有能量；粒子运动是物质本身的运动，而波动是一种物质状态的运动；粒子与粒子相遇，会发生碰撞，改变原来的运动快慢和方向，而波与波相遇，各自都会继续向前传播。粒子能发生反射，波也能被反射，但在经典力学中粒子不能绕过障碍物，而波可以绕过障碍物。惠更斯的波动说是在反驳牛顿的微粒说的基础上提出的，虽然互不相容，但都是根据经典力学理论类比提出来的，通过几百年的争论，最终形成公认的“波粒二象性”理论。

三、物理悖论思维的意义

在自然的进化中，人类思维已经历了“前科学”时代、“科学”时代，现在正处于“后科学”时代。

在“前科学”时代，人们对大到自然现象、小到身边发生的一切事情的解释都基于人们的想象力、意识力和逻辑力，而不是客观规律。因此，在“前科学”时代，无论是巫术还是早期的自然哲学，都是建立在主观意识上的。在大多数时候，当巫术不能解释我们身边发生的某些事时，人类的求知欲就会表现出强大的生命力。当有的人开始不相信这个世界是由神控制时，他们会寻找更符合客观规律的解释，这个时候，科学思维又有了新的发展。正是基于这样的缘由，人类思维不断进阶。人类科学思维发展经历了由开启自我意识的觉醒发展到对客观世界和宇宙自然的不断探索。

到了“科学”时代，即从伽利略解决落体问题开始，人类开辟了创立思想实验、物理实验与科学推理相结合的物理学研究之路，科学与技术开始相互结合，科学推动了技术的进步，技术的进步推动了科学的发展。从此，科学与技术进入了相辅相成和互相促进的快车道，物理学经历了伟大而波澜壮阔的史诗般的发展历程。在这个时代里，英才辈出，群星璀璨，经典如云。

再到“后科学”时代，不论宏观世界方面，还是微观世界方面，物理学面临越来越多的挑战和课题，而且有很多问题迟迟得不到合理的解决。在微观世界领域，新的科学理论很难通过技术手段验证，物理学的发展遇到了前所未有的新困难，而开始处于停滞与徘徊状态。在这一过程中，我们不仅能了解人类思维的发展变化，也能看出学科思维的发展其实很依赖于外部条件，尤其是技术条件。

所谓的物理悖论思维，就是对一个概念、一个假设或一种学说，积极主动从正反两方面进行思考，以求找出其中的悖论。从这句话中可以看出，悖论思维具有很浓的哲学色彩，是一种积极探索的辩证思维。悖论思维在物理学的进化历程中，发挥过非常关键的作用。从落体运动到经典力学，从经典力学到狭义相对论，从狭义相对论到广义相对论，都发端于悖论思维。

（一）反映冲突，导向理智

没有理智光芒的照耀，人类就永远无法走出变化无常的朦胧状态，而悖论正是引导人们从浅层的感性认识走向深度的理智世界的箭矢。

例如微粒说与波动说之争，由于受到条件的限制，当时人们对光的本质的认知发生分歧，牛顿和惠更斯分别提出了各自相反的假设，即微粒说和波动说。牛顿和惠更斯均能运用自己提出的学说解释光的一些现象。在当时，波与粒子在物理世界里是对立的，因此，出现了两种相互对立、相互排斥和相互矛盾的学说，从常规角度上看，这两种学说可能有一种是潜在的科学，另一种就是潜在的错误。按常理，这两个相互矛盾的学说，胜出的一方将是最符合事实的那个，但有关光的本质的研究历史例证显示，这种想法起码存在简单化的嫌疑。这两种学说的提出，揭示了当时人们的思维还不能完整地把握客观光世界的辩证矛盾。波与粒子是相互矛盾的双方，微粒说和波动说的提出，反映了当时人们对光的认知之间的巨大冲突。

为了解决这个冲突，人类争论了几百年，最终将潜在的科学观点和潜在的错误观点，修正为现实的科学观念，将波与粒子的本质统一起来，完善对光的本质的认知，进而从辩证法的角度认识光的本质、解释有关光的现象。因此，物理悖论是形式逻辑思维走向辩证逻辑思维的跳台与跳板，将波与粒子的对立转换为波粒二象性这种现实的统一。而真正的科学正是这样随着研究的进程最终不断地逼近或趋向于真理的，这是科学发展的一种必然。

（二）突破传统，敢于创新

经典物理学是一门定量的精密科学和基础科学，它以基本概念为基石，以基本原理为核心，以基本方法为纽带，构成了物理学的学科框架和结构，因此，物理思维的基本特征可归纳为精确性和近似性的统一，抽象性与形象性的统一；物理思维的主要品质可归纳为深刻性（逻辑性）、灵活性、批判性、独创性和敏捷性五个方面。物理思维的材料，即物理概念及表象具有精确性；物理量之间的关系，即物理规律具有精确性；物理概念和物理规律获得的思维过程具有精确性，物理理论应用的思维的过程也具有精确性。

物理悖论思维不是严格遵循规定的思维方式，具有模糊性，与物理思维的精确性在思维的结果上存在着相悖的差异，创造性地为物理学的发展提供一个与经典物理相悖的粗浅、模糊性的模型，进而有利于人们冲破传统物理思维精确性的约束，在思维杠杆的撬动下激发出创造性的活力，获得出奇制胜的撬开功效。物理悖论思维往往有悖常规，它不是逻辑思维，具有反常性，与物理思维的逻辑性在思维方式上存在着相悖的差异，而这种差异能弥补过分强调逻辑思维带来的弊端，进而有利于冲破传统逻辑思维架构，增强思维的创新活力，激发人们的创造力。物理悖论是一个逻辑问题，提出悖论是物理学创新力的展示，如伽利略反驳亚里士多德的观点，提出了违背常理的“落体悖论”，成为打开物理学大门的向导；爱因斯坦也正是从经典力学和麦克斯韦电磁理论的基本概念中提出“光速悖论”，成为他创立狭义相对论的逻辑出发点。“落体悖论”“波粒二难悖论”“光速悖论”等，成为推动物理学理论获得突破性发展的典型范例。物理悖论思维的模糊性和反常性，有助于发展物理思维的批判性、独创性和深刻性，从而提升物理思维的灵活性和敏捷性，成为物理学创新发展的有力杠杆。

（三）将潜在的科学变成现实的科学

悖论提出时，涉及一些新思想、新提法，在提出时可能还不是科学，还不符合人们的认知。如芝诺悖论关于运动、时间、运动快慢（速度）等方面的一系列描述与人类关于运动、时间和运动快慢的直觉和共识出现了矛盾。芝诺悖论提出前，人们把“无限”概念仅仅局限于一个不断延伸、永无终止的变程，时间和空间，正像自然数列永无止境一样，时间是无始无终的，空间也是无边无际的。芝诺悖论的提出使人们认识到一段有限的时间或一段有限的距离也可以无限分割，进而由延伸上的无限拓展到分割上的无限，丰富了“无限”的内涵，揭示了“无限”概念蕴含的矛盾，有力地推进了人们对无限的认识。悖论的破解也深化了人们对无限的认识，为解决无穷小或无穷大问题还促使了极限理论的建立。分割上的无限还促进了

量子的探索，如原子概念的提出。自然规律存在天然的前定和谐，悖论的发现和提出，暴露了原有的、旧的概念或学说中存在的不自洽性，同时也意味着新的概念、新的学说即将来临。

四、物理悖论思维的本质

悖论的本质是递归否定，物理悖论思维是一种探索性的辩证思维，下面我们先梳理一下常见的物理悖论各自的本质。

（一）有些悖论是主观上虚构的产物

如“说谎者悖论”犯了逻辑上的“反身自指”的毛病，即它假设了“所有克里特岛人”作为一个总体，而悖论提出者自己又作为这个总体的一个元素，它之所以成为悖论正是由它内在的“无底性”决定的，这类悖论具有“反身自指”的特性，也就是说，这类悖论的有关前提含有直接的错误。根据唯物辩证法，部分与整体有密切的关系：部分存在于整体之中，整体又是由部分组成的。因此，整体存在以部分的真实为前提。但部分和整体又有根本的区别：部分在依附整体的前提下才有着相对的意义，而整体在部分的真实存在下则有着自身独立的意义，而且部分所具有的性质整体未必具有，整体具有的性质部分也未必具有。“说谎者悖论”正是违背了整体与部分关系的辩证规律，所以它实质上只是一种主观上虚构的产物。

（二）有些悖论是主观上的片面认识

“落体悖论”，在实际生活中有重的物体下落快、轻的物体下落慢的表象，也有重的物体下落慢、轻的物体下落快的表象，还有轻的重的物体下落一样快的表象，因此，重的物体下落快、轻的物体下落慢只是亚里士多德注意到的其中一个表象，也可以说是亚里士多德主观意愿上的片面认识，并非真正的真相。

（三）有些悖论混淆极限内的无限和极限的有限两重性

列宁曾指出："运动是时间和空间的本质，表达这个本质的基本概念有两个——（无限的）不间断性和点截性。运动是（时间和空间的）不间断性与（时间和空间的）间断性的统一。运动是矛盾，是矛盾的统一。"两重性是源于同一对象不同方面的机制作用的两个指向的属性。如"芝诺悖论"，就是否定间断性与连续性的对立统一。

（四）有些悖论是由于客观世界本来具有两重性形成的

"波粒二象性"反映了一个概念、一种学说中存在悖论，但并不意味着这个概念、这种学说是完全错误的，而往往反映了它们的不完整性，应用范围的限定性，应用的有条件性。在有关概念得到拓展、有关学说进一步完善以后，悖论便可以消除。

（五）有些悖论是由于思维的不严谨造成的错误理解

由于运动是相对的，时间也是相对的，因此，两个事件之间的时间间隔也是相对的，这样导致"双生子悖论"产生。爱因斯坦借助"双生子悖论"的悖论思维，在狭义相对论的基础上，建立了广义相对论。

从上述五点可以看出，早期的悖论，如"说谎者悖

论”“落体悖论”“芝诺悖论”等悖论是在主观思维的形而上学的基础上产生的；后期的悖论，如“波粒二难悖论”“双生子悖论”等悖论是科学认识客观规律时，由于客观对象的辩证性质同主观思维的形而上学之间的矛盾，使得一些被割裂、被僵化的对立概念，不是达到统一，而是更加对立起来而产生的。这就是物理悖论产生的原因和本质所在。

五、物理悖论思维的教育功能

（一）对话先贤，共同进化

芝诺反对“万物皆流”，主张“万物皆静”，提出了运动不可能的四个论证；惠更斯针对牛顿的微粒说不能解释“为什么光是沿着精准的直线进行传播以及为什么从无数个不同方向而来的光线彼此相交相互之间却没有产生阻碍”，而提出了波动说……从中可以发现，物理悖论往往是运用批判性思维的结果。因此，物理悖论思维的首要教育功能，即是发展批判性思维，以物理悖论为抓手，与最聪明的人对话，感受前人的智慧，学会在批判中创新思维，进而实现共同进化。

（二）优化品质，发展心智

人类思维的发展基于认识与实践，实践是认识的基础和源泉，认识是实践的发展和主体对客体的能动反映。因此，人类思维的发展过程是一个动态发展、不断完善的过程。由于物理模型是各种真实情况的近似处理，因此，虽然物理思维具有精确性，但并不会像理想化的数学世界一样绝对精确，它具有近似性，也就是说物理理论不断逼近真理。正因为具有这种动态性，物理悖论思维具有优化思维品质的功能，能从不同的视角分析问题、解决问题，使思维变得更具弹性，使行动变得更明智。

物理是科学之母，懂物理才可以识科学。在过去的几千年里，物理学经历了机械观的兴起、机械观的衰落、场和相对论时代、量子时代，每一次发展的时候，真理的形成都举步维艰。从来就没有，也不要相信有物理学的“舒适区”，物理发展会对人们的头脑提出新的要求，迫使人们走出“物理大厦已经落成，所剩只是一些修饰工作”的误区，拆除那些常常阻碍科学向前发展的矛盾之墙。

美丽而晴朗的天空笼罩着的几朵乌云，即使散去了也还会出现新的乌云，每当乌云出现的时候，总让人困惑和不知所措，它要求我们放弃旧有的思维方式，创造新的观念和新的理论。旧有的思维和认知只代表过去，新的思维和认知意味着对未来的探索，人类思维面临着新的挑战，现在过着舒适生活的我们，既要挑战过去，更要敢挑战未来。创新与进化，要求我们不能一味地守护已有的过去，也不能一味地盲目探索陌生的未来，而应找到陌生的未来世界与熟悉的已有世界的连接点。

1 史上最早的悖论

——说谎者悖论

大哲学家罗素将悖论分为两大类，一类为集合论悖论，另一类为语义悖论。前一类悖论都可以用符号逻辑的语言来构造，集合论的语言均可化归于符号逻辑的语言；后一类悖论涉及了“真”“假”“可定义”等有关语言的意义、命名和判断，即语言与对象的关系方面的内容。因此，罗素的学生莱姆塞将前者命名为“逻辑悖论”，将后者命名为“认识论悖论”。悖论及悖论问题引起哲学界、科学界的高度重视，虽然是近百年的事情，但悖论在人类思维中的出现，却可以追溯到数千年之前，说谎者悖论可以说是史上最早的悖论。

说谎者悖论属语义悖论或认识论悖论。不论学习悖论，或是研究悖论，必须先学习说谎者悖论及其变形产生的悖论。只有通过对说谎者悖论及其变形产生的悖论进行深入地讨论、分析、解读，以及寻找解决这类语义悖论的途径，才能逐步地澄清日常所要掌握的大众语言中存在的逻辑上无序混乱和语义上模糊不清等现象，进而弄清语义的微观层次，提升自身在逻辑学、语义学方面的素养和品质。此外，说谎者悖论还在数学基础的研究中表现出至关重要的作用。在解决悖论的过程中，人们收获了许多逻辑、语义和数学基础上的成果，极大地丰富了科学方法论，有效地提升了思辨能力和破解诡辩能力，从哲学角度来看这些成果都具有深刻的认识论意义。

1.1　说谎者悖论及其版本

1.1.1　说谎者悖论

公元前6世纪，古希腊克里特岛人埃匹门尼德说了一句至今仍让人们反复琢磨不透的名言：

所有克里特岛人都说谎。

这里有两个关键点，一是“所有克里特岛人都说谎”是埃匹门尼德说的，二是埃匹门尼德是克里特岛人。

克里特岛作为东西方文化枢纽的岛屿，是欧洲文明的发祥地之一，当然，就算克里特岛不是欧洲文明的发祥地之一，也没有人会相信所有克里特岛人都说谎。一个人人说假话的社会是一个没有原则的社会，一个人人说假话的社会是一个无法进行正常交流的社会。然而，说这话的恰恰是公元前6世纪克里特岛的一个先哲埃匹门尼德。

埃匹门尼德是古希腊一个富有传奇色彩的人物，克里特岛因这句名言而成为旅游胜地。他说这句话难道是攻击自己的同胞吗？显然不是。埃匹门尼德是哲学家，他说所有克里特岛人从不讲真话，并不是攻击自己的同胞，而是在研究问题。问题也不在于埃匹门尼德说的这句话本身实际的真假，而在于由它引出的一种迷惑不解的逻辑问题：埃匹门尼德是克里特岛人是理解这句话的大前提。

从字面上可以这样理解：如果埃匹门尼德说的“所有克里特岛人都说谎”为真话，至少可得出埃匹门尼德不是一个说谎

者，进而能说明埃匹门尼德就属于不说谎的克里特岛人，进而得出有的克里特岛人不说谎的结论，这样与“所有克里特岛人都说谎”矛盾。反过来，如果“所有克里特岛人都说谎”为假话，则说明有的克里特岛人不是说谎者，进而能说明有些克里特岛人不说谎，埃匹门尼德也可能是这些不说谎的克里特岛人之一，因此，埃匹门尼德说的“所有克里特岛人都说谎”可能为真话。

我们把“所有克里特岛人都说谎”设为命题 A 。假设命题 A 是真的，又知它是由一个克里特岛人说出，则至少有一个克里特岛人不是说谎者，从而又可推断出命题 A 是假的。就是说，由命题 A 的真可以推演出命题 A 的假。

假设命题 A 是假的，即所有克里特岛人都说谎是假的，也就是说有的克里特岛人不说谎，又知“所有克里特岛人都说谎”是由一个克里特岛人说出的，则说这话的人可能是不说谎的人，他说的是真话，这就是说，由命题 A 的假可以推演出命题 A 为真。

1.1.2 说谎者悖论的变形

公元前 4 世纪，麦加拉派的欧布里德斯把埃匹门尼德的悖论改述为：

一个人说：我正在说的这句话是假话。

“我正在说的这句话是假话”由两个部分组成，一部分是“我正在说的这句话”，另一部分是对“我正在说的这句话”的断定“是假话”。“我正在说的这句话”发生在前，断定

“是假话”发生在后。

试问：“我正在说的这句话是假话”究竟是真的还是假的？假定“我正在说的这句话是假话”是真的，则意味着他的断定符合实际情况，则“我正在说的这句话”是假话，所以他说了真话；反之，假定“我正在说的这句话是假话”是假的，则意味着他的断定不符合实际情况，则“我正在说的这句话”是真话，所以他说了假话。

说谎者悖论还有许多变形，其中一种变形是明信片悖论。一张明信片的一面写有一句话：“本明信片背面的那句话是真的。”翻过明信片，只见背面的那句话是：“本明信片正面的那句话是假的。”无论从哪句话出发，最后都会得到悖论性结果：该明信片上的某句话为真当且仅当该句话为假。

下面是“明信片悖论”的一个变体：

苏格拉底说了唯一一句话：柏拉图说假话；

柏拉图说了唯一一句话：苏格拉底说真话。

问：苏格拉底（或柏拉图）究竟说真话还是说假话？

要确定苏格拉底是否说真话，就要去看柏拉图的话真不真，而要确定柏拉图的话之真假，又要回到苏格拉底的话，这实际上等于兜了一个圈后，让苏格拉底间接地说自己说假话，最终形成循环悖论。

说谎者悖论在当时就引起了广泛关注。传说斯多亚派的克里希普斯写了六部关于悖论的书。科斯的菲勒塔斯更是因潜心研究说谎者悖论，而把身体弄得骨瘦如柴，为了防止被刮来的风吹走，他不得不随身带上石块和铁球来增加“定力”，但最

后还是因积劳成疾而一命呜呼。为提醒后人勿重蹈覆辙，他的墓碑上雕刻着：

科斯的菲勒塔斯是我，
使我致死的是说谎者，
无数个不眠之夜造成了这个结果。

1.2 说谎者悖论产生的原因

从欧洲中世纪一直到当代，悖论（包括说谎者悖论）都是一个热门话题，并且引发了以下这样一些问题，如：悖论究竟是如何产生的；能不能克服和避免，又如何去克服和避免；是否应该容忍悖论；如何学会与它们和平共处……这些问题，迄今为止，莫衷一是，仍然没有特别令人满意的解决方案。

埃匹门尼德和当时的人们如何解决说谎者悖论没有被记载下来。亚里士多德后来对它作了这样的剖析：说谎者说的话并不是没有一句真话，或说谎者说的话并不全是谎话。一个人可以虽然是说谎者，然而在某些方面或某些场合，却可能讲真话。因此，问题是由“说谎”一词的双关意义产生的。说一个人是说谎者，并不是指他所表述的一切判断都是虚假的。因而，命题 A 并不会仅仅因为讲述者是一个克里特岛人而由自身的真推演出自身的假。

正常情况下，一个命题若是真的，就不会同时又是假的，反之亦然。命题A作为一个命题，依其语义的构成成分看来是完整无缺的，总有人说谎话，这是全社会公认的共识，因此，有些克里特岛人说谎也是社会的正常现象；“所有克里特岛人”的“所有”假设了一个总体，而自己又作为这个总体的一个元素，于是便由它的真确切地推演出了其自身的假。正因为这样，这使得埃匹门尼德和当时的人们大伤脑筋。其实，说谎者悖论产生的根源是“所有克里特岛人都说谎”大前提错了，不可能所有克里特岛人都是说谎者。“所有克里特岛人都说谎”，从文字层面上看，背离了日常生活公认的共识，是悖理；从社会层面上看，背离了诚实与说谎共存的共识，也是悖理。这个悖理的大前提“所有克里特岛人都说谎”是埃匹门尼德虚构的，说谎者悖论正是从这个既虚假又悖理的大前提出发，进行正确推理后得出的荒谬结果。

1.3 悖论是智者对话智者，是智慧挑战智慧

从公元前六世纪开始，到公元前二世纪，是古希腊对人类贡献的全盛期，古希腊涌现了米利都学派、毕达哥拉斯学派、希波克拉底医派以及柏拉图、苏格拉底和亚里士多德等一批又一批敢于争辩的著名先贤、学者和伟大的思想家。而在中国的先秦时期，先后涌现了儒家、道家、法家、墨家、名家等“诸子百家”中的十二大家及其代表人物，出现了一番“诸子百家”争辩的景象，其中的名家因从事论辩名（名称、概念）实（事实、实在）为主要学术活动而闻名。

不论是古希腊还是古代中国，涌现出一种共同的文化与人文景象：诸子蜂起，不同学派的涌现，开展理性的批判与争论，出现了百家争鸣的高潮及各流派争芳斗艳的局面，论辩之风盛行，并且涌现了一批职业性的文化人，如类似职业教师的“智者”（如普罗泰戈拉）、替打官司的人出主意的“讼

师”（如邓析）、类似律师的“辩者”、称为名辩家的“察士”（如惠施、公孙龙）等。这些人或聚众争讼，帮人打官司；或设坛讲学，传授辩论技巧，以此谋生。他们“非”常人之“所是”，“是”常人之“所非”，“操两可之说，设无穷之辞”，提出了许多巧辩、诡辩和悖论，并发展了一些论辩技巧。他们在历史上的形象有些是负面的，但我们更愿意从正面去理解他们的意义：他们实际上是一些智慧之士，最先意识到在人们的日常语言或思维中存在某些技巧、环节、过程，如果不适当地对付和处理它们，语言和思维本身就会陷入混乱和困境。他们所提出的那些巧辩、诡辩和悖论，实际上是对语言和思维本身的好奇和把玩，是对其中某些技巧、环节、过程的诧异和思辨，是智慧对智慧本身开的玩笑，是智慧对智慧本身所进行的挑战。

悖论表现出或者说引发了人类理智的自我反省，并且正是从这种自我反省中，才产生了人类智慧的结晶——逻辑学和思维学，推动人类的思维不断发展与进阶。从落体悖论到机械观的兴起，从光的微粒说到光的波动说再到光的波粒二象性，等等，悖论是智者对话智者，悖论是智慧挑战智慧。

悖论，不是玩文字游戏，而是解科学难题。悖论的发现，见证了人类经历了“感性、知性和理性”谜一样的认识的演变过程，意味着人类思维进入了一个新发展阶段，说明人类思维已经由具体的形象思维进阶到抽象地思考命题的真假关系的层级了。因此，可以说悖论为人类思维的巨大飞跃做出了伟大贡献。

2

运动不可能的四个论证

——芝诺悖论

芝诺，古希腊数学家、哲学家，埃利亚学派的代表人物。

芝诺因提出一系列关于运动的不可分性的哲学悖论而闻名，并因此在数学和哲学两个领域享有不朽的声誉。但遗憾的是，由于历史悠久，再加上战乱及自然灾害，芝诺的著作没有能流传下来。芝诺悖论因古希腊亚里士多德在《物理学》一书中被提及而为人所知。

图2-1　芝诺

2.1　芝诺的思想主张

芝诺是埃利亚学派创始人巴门尼德的学生和忘年交，比巴门尼德年轻 25 岁。芝诺的老师巴门尼德主张“能想到或能看到的东西一定是永远存在的，不存在的东西是不会被想到的，不能被想到的东西是不存在的，而存在的东西是可以被想到的”，并将一元论推向极致，提出了与常识完全发生冲突的“球体理论”，认为“我们所看到的世界就是一个坚固的、有限的、均匀的球体物体，没有时间、没有运动和变化”。当人们的日常感性经验与“球体理论”发生冲突时，巴门尼德认为这些日常感性经验只是看到的幻觉，应予以抛弃。芝诺传承并发展了巴门尼德“没有运动和变化”等思想，其诡辩术极其高超，提出著名的观点“飞矢不动”和“阿喀琉斯与乌龟赛跑”等，他主张运动不可能的观点，是埃利亚学派的集大成者。

2.2　芝诺悖论提出的背景

不论西方科学与西方思想，还是西方文化与西方文明，其发源地全是古希腊，源头是古希腊哲学。古希腊时期的古希腊人探究的对象不是人，而是环境优雅的大自然。当一个普遍性问题“世界的本质和主张是什么”被人提出来时，哲学就产生了。“宁愿数天上的星星也不愿做国王”的古希腊人，将哲学当作一种愉悦的生活方式和思维方式，对大自然长盛不衰的好奇心和氛围热烈的求知探索欲望，胜过其他一切事物，他们以一种独特的思想和方式探究大自然的奥秘，追寻归一思想。前苏格拉底时代的古希腊文明的出现，促进了思想活跃的大繁荣，探究氛围浓、研究氛围好，自然哲学思想在百家争鸣中不断发展，巅峰时期是空前绝后的，在短短的几百年里，古希腊人在哲学、艺术、文学、科学等领域都取得了令人惊叹的伟大成就，对人类进步做出了巨大贡献，从而奠定了古希腊人在历史上获得了独一无二的地位。古希腊关于万物的本原是什么，至少有四大学派和主张，即赫拉克利特的“万物皆流”、毕达哥拉斯的“万物皆数”、巴门尼德的“万物皆静”、德谟克利特的“万物皆原子”。

任何一种主张或思想都是在感性观察的基础上，通过理性思考提出来的。人们知道，若没有水，就没有生命。植物要从土地中吸收水分，因此种植植物的土壤里必须含有水，没有水，植物无法生长生存；同样，动物也离不开水，动物要喝水，动物体内含有水，没有水，动物也无法生长生存。水具有流动性，水容易发生形态变化，水能转变为汽或冰，水易于和其他实体混合，水具有灵性；同样，对生命而言，万物内部也

都有灵性。滋养生命的所有实体形式都具有潮湿的特性，而热也是从潮湿中产生并以之为条件的，万物中生命得以产生的种子都具有潮湿的本性。正是基于这些事实，首位哲人、米利都学派创始人泰勒斯从万物多样性和差异性中追求归一的思想，率先提出“水是万物的本原”的主张。

图2-2　赫拉克利特

古希腊哲学家赫拉克利特发展了米利都学派创始人泰勒斯“水是万物的本原”的思想，提出“万物皆动”“万物皆流、无物常驻”的主张，其关键思想为“万事万物都在空间和时间中不断运动变化”，世界是“既存在又不存在”的。自然界的一些有规律的变化，如昼夜更替、四季更迭、生老病死等现象，无疑在很早以前就被人发现了，这些有规律的变化，无不预示着万事万物在不停地运动变化着，而这些变化只有被赋予一些有人情味的解释，才能为当时的人们所理解，这正是古希腊人原始探索的特点。流动着的河水不停息地往下游流，你这次踏进河流时，河里的水会不停息地往下游流走，当你下次再踏进同一条河流时，河里的水已不是你第一次踏进时的了，而是从上游流下来的新的河水，川流不息，所以当你再次踏进同一条河流时，河可能还是那条河，但可以肯定地说河水已不再是原来的河水，所以人们不可能两次踏进同一条河流中，也无法两次踏进同一条河流中。这种河水流动现象司空见惯，但古希腊人就能提出“一个人不能两次踏进同一条河流中”的至理名言，提出这至理名言的人正是古希腊哲学家赫拉克利特。

米利都学派前赴后继，在批判性的争论与辩论中，提出更完善的理论与解释，显示了一个理论“自身”内在的“自省与批判”活动，米利都学派的继承者阿那克西曼德继承了赫拉克利特的始基问题，但给了完全不一样的答案。他认为物质的本原不可能还是具象的物质，万物的本原不可能是水，而应该是“无限定”，即无固定限界、形式和性质的物质，这样将始基问题由具体的事物提升到抽象概念的高度，从某种意义上讲，这是一次思想的飞跃。

古希腊哲学家毕达哥拉斯的主张是“万物皆数”，其关键思想是“数是万物之本，数学是宇宙的实体和形式，客观实在可以用数学的语言来描述，整个宇宙是数及其关系和谐的体系，数学是解释自然的第一要素和工具，是理解宇宙奥秘的金钥匙”。在毕达哥拉斯看来，数为宇宙提供了一个思维模型。数量和形状决定一切自然物体的形式。数不但有量的多少，而且也具有几何形状。有了数，才有了几何学上的点，有了点才有线，有了线才有面，有了面才有立体，有了立体自然就有了空间，有了空间才有了火、气、水、土这四种元素，从而才构成万物。因此，毕达哥拉斯学派形成“万物皆数”的哲学思考，认为数学是宇宙的本质。他们把数理解为自然物体的形式和形象，是一切事物的总根源，数必在物之先，物必在数之后，自然界的一切现象和规律都由数决定，都必须服从“数的和谐”，即服从数的关系；他们将天文学和音乐归结为数，并将这两门学科同算术和几何联系起来。算术、几何、天文学和音乐四门学科在当时都称为是数学“四大学科”，这种认识一直持续到中世纪。毕达哥拉斯学派提出了后来被证明非常重要的两条论断：第一，自然是根据数学原理建立的；第二，数的

关系居于自然秩序背后，统一揭示自然秩序。

图2–3　巴门尼德

古希腊哲学家巴门尼德认为存在是永恒的，是一，连续不可分；存在是不动的，是真实的，可以被思想；感性世界的具体事物是非存在的，是假象，不能被思想。他认为，没有存在之外的思想，被思想的东西和思想的目标是同一的。他第一次提出了“思想与存在是同一的”命题。

原子唯物论学说的创始人之一，古希腊哲学家德谟克利特，率先提出原子论（万物由原子构成，即“万物皆原子”）。他认为，万物的本原是原子和虚空，原子是不可再分的物质微粒，虚空是原子运动的场所。人们的认识是从事物中流射出来的原子形成的“影像”作用于人们的感官与心灵而产生的。宇宙的一切事物都是由在虚空中运动着的原子构成的。所谓事物的产生就是原子的结合。原子处在永恒的运动之中，即运动为原子本身所固有。虚空是绝对的空无，是原子运动的场所。原子称为存在，虚空称为非存在，但非存在不等于不存在，只是相对于有充实性的原子而言，虚空是没有充实性的。所以非存在与存在都是实在的。世界是由原子在虚空的漩涡运动中产生的，宇宙中有无数个世界在不断地生成与灭亡。人所存在的世界，无非是其中正在变化的一个。所以他声称人是一个小宇宙。

巴门尼德的学生芝诺在捍卫老师绝对静止的观点中，表现出非凡出色的辩论天赋。芝诺辩论方法的秘密在于被亚里士多德称为“两分法”等的论证方法，芝诺以此提出了四个悖论来反驳其他学派的观点，达到论证运动是不可能的目的。芝诺认为，世界只不过是一个静止和不变的整体，人们看到自然界中的各种运动和变化只不过是错觉或感觉层面上的运动和变化而已，并不是客观真实的情况。因德谟克利特“万物皆原子”的主张传承了毕达哥拉斯“万物皆数”的主张，而原子是不可再分的物质微粒，所以芝诺极力反对毕达哥拉斯“万物皆数”的主张。为了反驳“万物皆流”“万物皆数”和“万物皆原子”之类的观点，芝诺提出“无限”可分的概念或观念，采用反证法，从对立于自己“万物皆静”的观点出发，通过证明对立面的谬误来证明自己主张的正确性。芝诺用四个悖论来论证“运动是不可能的并且是虚幻的”，强化日常生活中感觉层面上的运动只是运动的假象，否定运动存在的可能性；强化“静止的存在”才是唯一真实的，否定运动状态本身的真实性。芝诺悖论内容表述并不复杂，论述的过程看起来也很通俗易懂，既符合事实，也符合逻辑，几乎所有人都能听懂，但其鲜明的结论，完全出乎所有人的意料。芝诺悖论的结论挑战人们的生活常识，挑战人们的日常生活事实，挑战人们的直觉观察，挑战人们普遍形成的共识，并诡辩地将日常生活中看到的运动称为只是感觉层面上的运动。

2.3 芝诺悖论的内容

传说芝诺著有一本关于悖论的著作，以芝诺悖论著称。芝诺从“多”和运动的假设出发，提出了几十个各不相同的悖论，其中关于运动是不可能的四个悖论，不但有名称，而且最为有名。亚里士多德著的《物理学》是最早记录芝诺悖论的文献之一。

2.3.1 芝诺悖论一：两分法

芝诺认为运动不存在，其论点为：一个人要从出发地 A 位置到达某个目的地 B 位置，在到达目的地 B 之前，必须先抵达距离目的地一半的位置 C，即若要从 A 处到达 B 处，必须先到 A、B 的中点 C，要到达 C，又须先到达 A、C 的中点 D……如此类推，以至无穷地划分下去，形成无数个“一半距离”，而“一半距离”数值将越来越小，最后“一半距离”几乎可被视为零。这就形成了此人若要从 A 移动到 B，必须先停留在 A 的悖论。譬如，假如你要到达目的地的距离是 1 米的终点位置，你务必先穿过 $\frac{1}{2}$ 米；要穿过 $\frac{1}{2}$ 米，务必先穿过 $\frac{1}{4}$ 米；要穿过 $\frac{1}{4}$ 米，务必先穿过 $\frac{1}{8}$ 米；要穿过 $\frac{1}{8}$ 米，务必先穿过 $\frac{1}{16}$ 米……如此类推，以至无穷。芝诺认为，由于你不可能在有限时间内穿越无穷多个点，你甚至无法开始运动，更不可能到达终点，这样一来，你将永远停留在初始位置，以致你的运动几乎无法开始，从而得出结论：运动不可能发生。

2.3.2 芝诺悖论二：阿喀琉斯

阿喀琉斯是古希腊神话中善跑的英雄，他跑步的速度为乌龟的数十倍。芝诺认为阿喀琉斯永远追不上爬行缓慢的乌龟。他是这样论证的：假如开始时，阿喀琉斯远离乌龟一段距离（或让乌龟先爬行一段距离），比如 100 米。由于追赶者首先应该达到被追者的出发点，此时被追者已经往前跑了一段距离。在阿喀琉斯追上乌龟之前，他必须先到达乌龟的出发点，而在这段时间内，乌龟爬行了一段距离，比如说 10 米，于是一个新的起点又产生了；阿喀琉斯必须继续追，而当他跑过乌

图2-4　阿喀琉斯与龟

龟爬的这10米时，乌龟又已经向前爬了1米，阿喀琉斯只能再跑过那个1米。就这样，尽管他们之间的距离会逐渐减小，但始终仍有一段距离，于是芝诺得到的结论是阿喀琉斯每次跑到乌龟的上一个位置时，乌龟又往前缓缓地爬了一段距离，只要乌龟不停地往前爬，不管乌龟爬得多缓慢，总是会往前移动一点点，因此阿喀琉斯永远追赶不上乌龟。

2.3.3　芝诺悖论三：飞矢不动

箭矢只能在空间中运动，不可能不在空间中运动。时间由无数不同的瞬间（或时刻）构成，在每一个瞬间，任何事物都占据一个与它自身等同的空间位置，也就是说，它都处在它所处的位置，而空间或处所并不能移动。芝诺认为任何一个物体老待在一个位置那不叫运动，飞着的箭是静止不动的，根本就没有运动。为了说明根本就没有运动，芝诺设想一支飞行的箭，在每一瞬间，箭矢都要占据某个空间，由于瞬间无持续时间，箭矢在每个瞬间都没有时间而只能是静止的。鉴于整个运动期间只包含不同的各个瞬间，而每个瞬间又只有静止的箭矢，因此，芝诺断定“飞行的箭看上去是运动的，其实是静止的，箭不可能在运动，运动就是许多静止的总和”。

2.3.4 芝诺悖论四：运动场问题

为了通俗易懂，可设想有3列火车，每列有1节火车头和3节车厢，火车头与车厢的长度一致。其中第1列火车停靠在火车站，第2列火车与第3列火车以相同的速度反向穿过火车站。若在某一瞬间，3列火车的位置如图2–5所示。

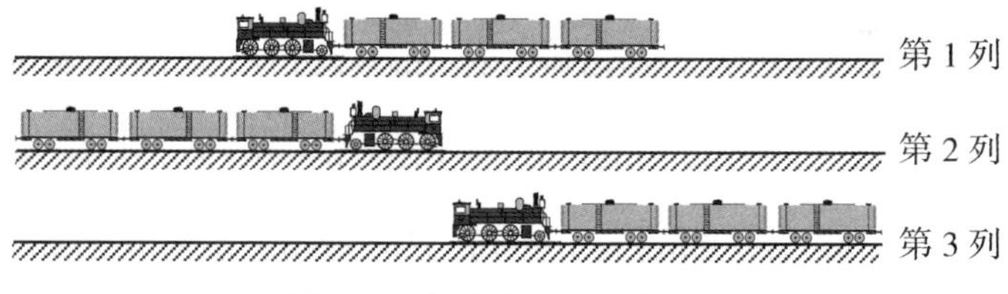

图2–5 火车位置示意图一

经过1个单位时间的位置恰好如图2–6所示。这时，第2列火车头穿过了第1列火车的1节车厢，穿过了第3列火车的1节火车头和1节车厢。

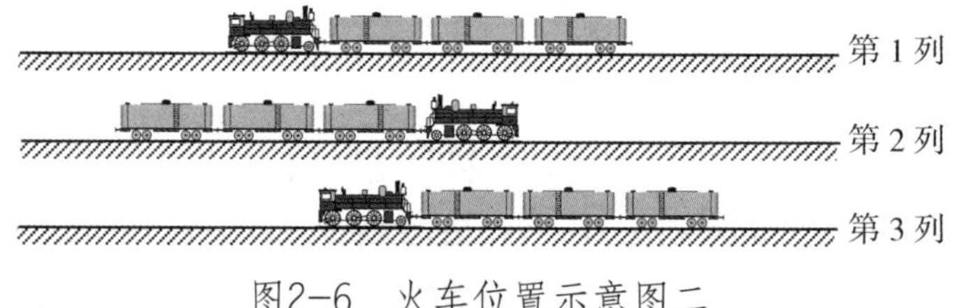

图2–6 火车位置示意图二

经过2个单位时间后，3列火车恰好并列，如图2–7所示。这时，第2列火车头又穿过了第1列火车的1节车厢，同时又穿过了第3列火车的2节车厢。

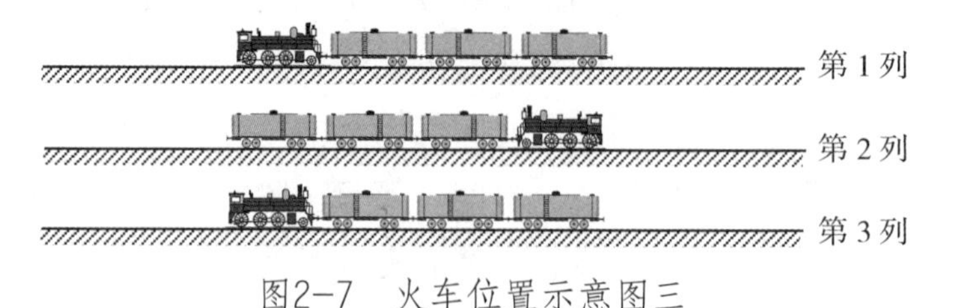

图2–7 火车位置示意图三

由此产生了在2个单位时间内，第2列火车头相对第1列火车移动了2节车厢的距离，即第2列火车头只经过第1列的一半，而第3列火车头相对第2列火车头移动了4节车厢的距离，即第3列火车头穿过了第2列火车的全部。芝诺根据第3列火车头全部穿过第2列火车的时间等于第2列火车头穿过第1列的火车的时间，得出“一半时间等于全部时间”的悖论，进而论证火车是移动不了的。

2.4 芝诺悖论的解决

笔者十多年前在《科学悖论集》一书中，就开始关注芝诺关于“运动不可能”的四个论证，因为芝诺的推理过程完全合乎逻辑，却以出乎意料的方式挑战了思维逻辑和生活常识。

在芝诺所处的时代，人们对时间和空间的认知少之又少，当时普遍认为“时间和空间彼此独立互不关联”。作为一个大哲学家，芝诺是非常之人，具有非常之才。因此，我们不能用常识和直观意识去反驳芝诺悖论。

芝诺的两分法运用了归谬技法，利用抽象思维和逻辑推理，将“在到达目的地之前必须先抵达距离目的地一半的位置”的想法加以延伸后再不断延伸，直到得出了逻辑上的离谱结论，挑战了日常生活常识与认知公理，来论证运动不可能发生。芝诺是在偷换概念。有限的距离和有限的时间都是无限可分的，但总长仍是有限的，总时间是有限的；无限可分的有限距离和有限时间并不意味着它们会变成无限，所以在有限时间内是可以通过有限长度的。芝诺认为无限多个步骤不可能在有限时间内完成，有限的时间无法完成无穷个步骤。事实上，空

间和时间是两个概念，无穷多个步骤并不等于无限长的时间，有限的时间内完全能完成无穷多个步骤，无穷多个步骤加起来得到的时间是有限的。

现在，我们知道，两分法可以用数列求和解决，即

已知当 $n \to \infty$ 时，有：$\frac{1}{2}+\frac{1}{4}+\frac{1}{8}+\frac{1}{16}+\cdots+\frac{1}{2^n}=1$

即数列的总和是有限的，并且趋近于1。

如果将距离转换成时间，假设是等速前进，前进的距离除以所耗费的时间就是一个常量，这个常量等于等速前进的速度，全程的总时间 $t=\frac{L}{v}$。则有：

当 $n \to \infty$ 时，$\frac{L}{2}/v+\frac{L}{4}/v+\frac{L}{8}/v+\frac{L}{16}/v+\cdots+\frac{L}{2^n}/v=\frac{L}{v}$

出发后，与目的地的距离只会越来越短，所需时间只会越来越短，最后就可以在有限的时间内到达目的地。

对于“阿喀琉斯”，设乌龟的速度为 v_1、阿喀琉斯的速度为 v_2，用数列求和，有：

$$t=\frac{d}{v_2}+\frac{v_1 d}{v_2^2}+\cdots+\frac{v_1^{n-1} d}{v_2^n}=\frac{d}{v_2}\left[1+\frac{v_1}{v_2}+\cdots+\left(\frac{v_1}{v_2}\right)^{n-1}\right]$$

用 a 表示阿喀琉斯的速度与乌龟速度的比值，即有：

$$t=\frac{d}{v_2}\left[1+\frac{1}{a}+\cdots+\frac{1}{a^{n-1}}\right]$$

当 $n \to \infty$ 时，有：$1+\frac{1}{a}+\frac{1}{a^2}+\frac{1}{a^3}+\frac{1}{a^4}+\cdots+\frac{1}{a^{n-1}}=\frac{a}{a-1}$

则追上乌龟所需的时间为：$t=\frac{d}{v_2}\cdot\frac{a}{a-1}$

将 $a=\frac{v_2}{v_1}$ 代入上式，即可得追上乌龟所需的时间为：$t=\frac{d}{v_2-v_1}$

即阿喀琉斯在有限的时间内可以赶上乌龟。亚里士多德认为，在运动中领先的东西不能被追上这个想法是错误的，因为

在它领先的时间内是不能被追上的，但是，如果芝诺允许它能超过所规定的有限的距离的话，那么它也是可以被追上的。

在“飞矢不动”中，芝诺刻意忽略了时间空间的连续性，所强调的是不能忽略运动中的静止。物理学上是这样定义“瞬间”的：两个时刻无限地靠近，直到用仪器无法测量这两个时刻的间隔时，这就是“瞬间”。因此，“瞬间”是一段想象中有多短就有多短的时间。我们可以将一段时间看成是由一系列相邻的无穷短的瞬间组成的，并且将这些瞬间想象成不可分割的最小时间单位。因此，这些不可分割的瞬间其时间间隔并不是真正意义的零。正因如此，箭在每一个瞬间的开始与结束时就会位于略为不同的位置上，这样箭就不可能看作是静止不动的。相反，如果这些瞬间的历时真的为零，那么不论经历多少个连续相邻的瞬间，加起来的总时长等于零。这是不可能的，反过来说明瞬间的时间间隔不为零。

在四个悖论中，“运动场问题”悖论相对最容易解决。初中物理已经学了参照物，高中物理将参照物进阶到参考系，并提出了相对运动。设第 2 列火车和第 3 列火车的速度大小为 v，则在 2 个单位时间内，第 2 列火车头相对第 1 列火车移动了 2 节车厢的距离，第 3 列火车头相对第 2 列火车头移动了 4 节车厢的距离，它们的相对速度为 $2v$，所以火车是移动了的。

2.5 芝诺悖论的意义

芝诺悖论非常复杂，涉及哲学、物理学和数学等学科的问题，揭示既深刻又有多个层面的矛盾。芝诺的论证过程，看似符合逻辑推理，而结果却完全出乎意料，他是欧洲哲学史上

第一个运用逻辑推理来揭示矛盾的哲学家，在客观上已触及了辩证法的核心。因此，从芝诺悖论传播之日起，就引发了不同阶段、不同地域的学者们的持续争论。芝诺悖论涉及对时间、空间、运动、无限的看法，它至今仍在困扰着哲学家、物理学家和数学家。这个难题对哲学、物理学和数学的发展起到重要作用。

芝诺悖论揭示了当时人们所使用的“无限”概念蕴含的矛盾。此前，人们往往将无限看成是一种不断延伸、永无终止的变程，是时间上的无始无终和空间上的无边无际，正如自然数列永无止境一样。针对芝诺悖论中的“两分法”和“阿喀琉斯”，亚里士多德指出“一切连续事物被说成是‘无限的’都有两种含义，或延伸上的无限，或分起来的无限”。列宁也从芝诺悖论的论证中看出“运动是时间和空间的本质”，表达这个本质的基本概念有两个：（无限的）不间断性和点截性（不间断性的否定，即间断性）。运动是（时间和空间的）不间断性与（时间和空间的）间断性的统一。运动是矛盾，是矛盾的统一。

芝诺的功绩在于用悖论的方式，将动和静、无限和有限、连续和离散等对立的关系凸显出来，并进行了辩证的考察，从而将大家的目光和注意力吸引过来，不经意间影响了古典希腊数学的发展。

芝诺通过悖论为人类思维的伟大飞跃间接地做出了贡献，特别是他的思辨风格和用逻辑反思事实的哲学精神。芝诺提出了比运动更抽象的三个问题，即无穷小、无穷大和连续的问题。亚里士多德称芝诺为辩证法的发明人，黑格尔称芝诺是辩证法的创始人。

归谬法对后人影响极大。芝诺在否认“运动”和“多”的哲学论证中，采用了一种归于不可能的论证方法，即归谬法。为了反驳某论题（或某论据）或要证明某个论断为假，不是直进直出，而是以退为进，先假设那个论断为真，逐步推出荒谬的命题或自相矛盾的命题，由此得出结论：所假设的那个论断不能为真，必定为假。例如，为了反驳“万物皆数”的观点，芝诺论证说，如果“存在”是多，它必定既是无限大又是无限小，其数量必定既是有限的又是无限的，它一定存在于空间之中，而此空间又必定存在于彼空间中，依此类推，以至无穷。他认为这些都是不可能的，所以“存在”必定是单一的。芝诺采用的归谬法对亚里士多德影响较大，亚里士多德的著作《物理学》中大量采用了归谬法，如亚里士多德反驳“存在是一”是不可能的，就是采用芝诺的归谬法反驳芝诺的“一元论”思想。

芝诺悖论引发了我们思考如何刻画运动。芝诺悖论结论的深刻性远远超出了常人的想象。“关于运动是不可能”的悖论问题，亲眼所见通过演绎和归纳，一下子能让人们形成的习以为常的“运动”共识崩塌。芝诺悖论当时让人无法发现其中的破绽，找不到反驳的理由，进而让人回味无穷。恩格斯研究芝诺悖论后指出：芝诺悖论并不是在描述运动现象，也不是在否认感觉层面的运动结果，但它在引发人们思考如何在理智中、在思维中、在理论中去理解，刻画，把握运动。这正是人类社会早期追求智慧的努力，激励着一代又一代的后来者不断地超越智者。

3 近代科学的黎明

——落体悖论

落体的运动对我们来说虽然已是司空见惯，但人类对它的认识却经历了近两千年的时光。早在两千多年前，亚里士多德基于“自然是运动和变化的根源”的认识，提出了关于运动的著名判断：“如果不了解运动，也就必然无法了解自然。”伽利略也说“在自然界中，也许没有任何东西比运动更古老”。爱因斯坦也曾颇为感慨地说：“有一个基本问题，几千年来都因为它太复杂而含糊不清，这就是运动的问题。”1638年，伽利略公开出版了《关于两门新科学的对话》（以下简称为《对话》），标志着落体运动问题得到了真正、彻底的解决。在落体运动问题解决之前的两千年，科学踯躅于泥途荒滩，因而千年徘徊，几乎没有什么进展；在落体运动问题解决之后的三百多年，大师辈出，经典如云，科学与技术得到了突飞猛进的发展。现在聊一聊落体运动及落体运动问题的解决，这必将绕不过科学巨人亚里士多德和伽利略。

3.1 亚里士多德——一个被误解的历史巨人

亚里士多德出生在古希腊北部斯塔吉拉镇的世代贵族医家，父亲是马其顿国王的御医，按现在时髦的说法相当于“富二代”或“官二代”。虽然亚里士多德所主张的“重的物体下落快，轻的物体下落慢”“力是维持物体运动的原因”“地心说”等大多观点被证明是错误的，但他仍是古希腊学者中对后世影响最大的人物，他是古希腊杰出的哲学

图3-1 亚里士多德

家、教育家，他是形式逻辑学的创始人、第一位研究自然的学者，堪称希腊哲学的集大成者。亚里士多德几乎对每个学科都做出了贡献，著有《工具论》《形而上学》《伦理学》《政治学》《诗学》等，这些论著涉及哲学、心理学、经济学、神学、政治学、教育学，以及诗歌、风俗、雅典法律等。亚里士多德的著作构建了西方哲学的第一个广泛系统，包含道德、美学、科学、政治和玄学等，对后世哲学和科学的发展影响颇深。作为一位百科全书式的科学家，他写了很多专著，创建了西方哲学的第一个庞大、复杂、广泛、系统的哲学系统，正因为如此，马克思曾称亚里士多德是古希腊哲学家中最博学的人物，恩格斯称他是“古代的黑格尔”。

在物理学方面，亚里士多德最早从纷繁的自然现象中找寻普遍规律并把它们命名为“物理学”，他在物理方面的专著有《物理学》《论天》《气象学》等。他所命名的《物理学》原意是“自然哲学”（牛顿经典力学巨著《自然哲学的数学原理》中的“自然哲学”正是源于此），是以物质本原和物质（自然）运动及其与时空、周围物体关系为研究对象的独立学科，这一研究对象的确定至今没有过时。他认为自然中一切对象都在不断地运动和变化。他首先给出了时间的定义，并认为既然运动是永恒，那么时间也同样是永恒的。他还通过月食中的地影边缘形状的变化和旅行者观察到的星座出没规律等，否定之前的“天圆地方”的共识，提出地球是球形的科学猜想。

3.2 亚里士多德落体定律提出的背景

亚里士多德力图寻找一个关于自然行为方式的解释框架。他在专著《物理学》一书中，提出物理学的公设作为第一原

理，可归纳为以下五条：

①所有的实际物体的质料都是四种要素，即“土、水、气和火”中的一种或几种的结合物；天体则由第五种“元素”——“以太”构成，天体的运动是循环的圆周运动，而循环运动是第一运动。

②每个物体都有一个自然的处所，重的物体的处所在下面，轻的物体的处所在上面。因此，所有的运动或是自然运动（本性能的运动），或是受迫运动。一个重的物体落向地面，对所有人来说，这似乎都是非常“自然”的事；我们看到一根火柴燃起的火焰朝向“上面”，当我们将锅置于火焰之上，我们同样感到非常“自然”。除了重的物体的坠落和轻的物体的上升之外的一切运动，都是“非自然运动”，即“强迫运动”，如抛体的运动，好比扔出一块石头，通过“扔”这个强迫动作作用，石头被扔出后会被迫在空中持续飞行一段时间后落回到地面，但若你不抛或扔石头，石头就不会“自发”地飞向空中。

③由于物体都有趋向其自然处所的特性，所以，所有的自然运动都是趋向自然位置的运动。自然位置有两种，火和轻的物体的自然位置在上，土和重的物体的自然位置在下，它们在到达自然位置后归于静止。运动的快慢也有两个原因，或运动所通过的介质不同（如通过水、土或空气），或运动物体自身轻或重的程度不同（如果运动的其他条件相同的话）。

④所有的受迫运动都是由动因不断作用产生的，运动或变化需要内（形式和目的）外（推动力或外力）两个要素。

⑤不可能存在空虚的空间，即我们现在所说的真空。

按照这一理论，为了说明重的物体下降和轻的物体上升，亚里士多德假定每一个物体都有它天然的处所，重的物体的天然处所在下面，轻的物体的天然处所在上面，下落物体之所以下落，是因为它的主要成分是土要素，它要回到它的天然位置。亚里士多德在《物理学》中写道：为什么一个重的物体要比另一个轻的物体运动得快？在实的空间里情况必然如此，因为（重）力较大的物体分开介质的速度也较快。物体破开介质前进的速度不是取决于形状，就是取决于自然运动物体所具有的动势（“势”在这里是表现出来的情况、样子、姿势、气势、局势的意思，“动势”此处可以理解为运动的态势）。因此，在没有介质的虚空里，一切物体就会以同样的速度运动。但这是不可能的，因为虚空是不可能存在的。可以看到，亚里士多德一直坚信自然界惧怕虚空，不可能存在虚空，从这一信念出发，推理出了落体快慢与重力有关。

3.3　亚里士多德落体定律的内容

亚里士多德在《论天》一书中写道：“一定的重量在一定的时间内运动一定的距离；一较重的重量在较短的时间内走过同样的距离，即时间同重量成反比。比如：如果一物的重量为另一物重量的两倍，则它走过一给定的距离只需一半的时间。”这就是说物体下落的速度同它的重量成正比，或者说，物体下落的时间同它的重量成反比。这就是亚里士多德的落体定律。虽然今天看来这个结论是错误的，但落体定律在近两千年中一直被公认是正确的，并占据着主导地位，因为日常生活现象的表象对亚里士多德有利。

在当时看来，这算是一种严谨的理论，看似也基本符合

客观事实。如果让鸡毛和石头同时从高处下落，确实重的石头远比轻的鸡毛下落要快得多。因此，对于不深究的人，凭少数几个表面的经验和观察，就很容易被亚里士多德的落体定律所迷惑。

3.4 伽利略发现了落体定律的悖论

伽利略在《对话》一书中指出：谁都知道，一匹马从3或4库比特（cubit，长度单位，1库比特等于45.7厘米）的高处掉下来将会骨折，而一只狗从同样高度或一只猫从8或10库比特的高度掉下来不会受伤，一只蝗虫从一座塔上掉下来和一只蚂蚁从地球到月亮的距离掉下来同样不会受伤害。小孩子从足以使大人跌断腿或可能跌破头的高度掉下来不是安然无恙吗？

图3-2 伽利略

为了反驳亚里士多德的落体定律，伽利略凭日常生活经验，用已了解的事实来反驳亚里士多德的观点，他在《对话》一书中是这样论证的“为了更好地理解亚里士多德的论证到底有多可靠，我的看法是我们可以否认他那两条假设。关于第一条，我非常怀疑亚里士多德是否曾用实验来验证过一件事是不是真的：那就是，取两块石头，一块的重量是另一块重量的10倍，如果让它们在同一个时刻从一个高度落下，例如从100腕尺（1腕尺约等于46厘米）高处落下，它们的速率会如此的不同，以致当较重的石头已经落地时，另一块石头只不过下落了

10 腕尺。”

紧接着，伽利略采用了“以子之矛，攻子之盾”的方法，从利用亚里士多德的观点出发，采用逻辑推理的方法，用亚里士多德的观点、方法或言论来反驳亚里士多德，得出了相互否定的结论。伽利略在《对话》一书中继续写道：但是，即使不做进一步的实验，也能利用简短而肯定的论证来证明“一个较重的物体并不比一个较轻的物体运动得更快”。用相同的材料做成的较重的物体与较轻的物体，如选用石头，重石头的速度大于轻石头的速度，当把两个物体捆绑在一起时，较快的那块石头就会受到较慢石头的阻滞而减速，而较慢的石头就会受到较快的石头的促进而加速。但是如果这是真实的，并且如果一块大石头具有的运动速度为 8，而一块较小的石头具有的运动速度为 4，那么当它们被捆绑在一起时，会以一个小于 8 而大于 4 的速度运动；但是当两块石头被绑在一起时，那就成为一块比以前以速度为 8 运动的大石头更重的石头。由此得出较重的物体比较轻的物体以更小的速度运动，这和亚里士多德的假设相反。

于是，从较重的物体比较轻的物体运动得更快的结论中，能推断较重的物体运动得较慢。这就是著名的落体悖论。由此伽利略猜想并推断：由相同材料组成的重的物体和轻的物体将以相同的速度运动，轻的物体和重的物体应同时落地。至此，亚里士多德的“重的物体下落快，轻的物体下落慢”的结论，历经近两千年后被彻底推翻。

3.5 唯有伽利略打开近代科学之门

事实上，在伽利略之前，已经有一些学者对亚里士多德的结论表示怀疑的记载。

早在 1544 年，意大利的诗人和历史学家瓦尔齐就进行过落体实验，实验结果是否定亚里士多德的结论；其后，1576 年意大利帕多瓦大学数学教授莫列提在他写的一本小册子中也有进行落体实验的记载，实验结果也是否定亚里士多德的结论。

另一个比较著名的落体实验是荷兰工程师斯蒂文在 1586 年的报告中提到的，用一大一小两个铅球做实验，其中大的铅球的重量是小的铅球重量的十倍，让两个重量相差十倍的铅球从 30 英尺（1 英尺约等于0.3米）的塔顶上同时落下，从落地声音判断，它们几乎是同时落地的。

但这些历史名人均错过了扭转、创造历史的机会，将创造历史的重任让给了意大利的伽利略。

据考证，在 1589—1592 年（即伽利略在比萨大学执教的那段时间），伽利略在其《论运动》一书中介绍了他对落体运动的研究。此外，伽利略《对话》手稿于 1634 年大致完稿了，只是由于他之前出版《关于托勒密和哥白尼两大世界体系的对话》被宗教法庭判罪而禁止出版，使得《对话》这本书的出版遇到了困难，拖到 1638 年才得以正式出版。在《对话》中，伽利略系统完整地解决了落体运动问题，不仅推翻了亚里士多德的落体定律，还提出了“物体下落到底做什么样的运动”的命题，并通过实验和研究，发现了落体运动的特点和规律。伽利略对近代科学最伟大的贡献全部体现在这部著作中，爱因斯坦在《物理学的进化》一书中，高度评价了伽利略的工作："伽利略的发现以及他所应用的科学的推理方法是人类思想史上最伟大的成就之一，标志着物理学的真正开端。这个发现告诉我们，基于直接观察的直觉结论并不总是可靠的，因为它们有时会引向错误的线索。"

3.6 伽利略克服重重困难

大多数人在解决问题之前，都并不是毫无准备的。伽利略的智慧是巧妙地回避了前人关注的"重物体的自由运动的加速是什么引起的"问题，也许伽利略认同亚里士多德"如果不了解运动，也就必然无法了解自然"的著名判断。他在《对话》中写道："现在不是研究自然运动加速原因的合适时候，对于这个问题，不同的哲学家表达了各式各样的意见，有些解释为向心的吸引力，有些解释为物体非常小的部分之间的斥力，还有一些归之为周围媒质中的一种应力，这种媒质在下落物体的后面合拢起来而把下落物体从一个位置驱赶到另一个位置。现在看来，所有这些和其他的离奇的想法都应当受到考察，但是实在不值得花时间。目前作者的目的仅是研究和证实某些加速运动的某些特征和性质（不管这种加速的原因可能是什么）"。

尽管伽利略回避了"重物体的自由运动的加速度是什么引起的"问题，但伽利略要想着重解决"物体下落到底做什么样的运动"的问题，在当时，依然遇到了人们无法想象的三类困难。第一类是学术层面上的困难：落体运动是匀速运动还是加速运动，是变加速运动还是匀加速运动，物体运动的速度如何

定义，加速度如何定义，匀加速运动如何定义，匀加速运动有哪些特点和性质。第二类是可操作层面上的困难：落体运动下落过程很快，该如何研究；落体运动在空中，应如何解决冲淡重力作用问题；如何将速度与时间的关系转换为距离与时间的关系。第三类是技术层面上的困难：当时还没有精确计时的工具，如何解决精确地测量时间的问题等。

3.7 伽利略的斜面实验终于解决了落体运动的困扰

伽利略不是发现亚里士多德落体定律错误的第一人，但唯有伽利略揭开了落体运动的神秘面纱。“落体悖论”以极其尖锐、非常形象的形式，揭示了亚里士多德落体定律的谬误。紧接着伽利略没有在此停住，而是针对“物体下落到底做什么样的运动”这一问题，做了大量开创性的研究。

3.7.1 定义匀速运动，研究了匀速运动的特点和性质

伽利略首先给匀速运动下了定义，“对定常的或匀速的运动，我指的是这样的运动：在任何相等的时间间隔内，运动质点走过的距离是相等的”，然后再从定义出发，研究匀速运动的特点和性质，建立了 4 条公理、5 个定理，彻底解决了我们今天熟知的匀速直线运动问题。

3.7.2 定义匀加速运动，研究了匀加速运动的特点和性质

伽利略相信，自由下落物体的加速过程必然是以最简单的方式进行的。他说：“因为我想没有人认为游泳或飞翔能够用比鱼或鸟本能地使用的方法更简单或更易行。因此，当我观察

一块石头由静止开始从高处下落，并且速度不断增加时，为什么我不相信这种增加是以对任何人都非常简单的和相当明显的方式发生的呢？现在如果我们仔细考察事物，我们发现没有比总是以同一方式重复它自己更简单的了，当我们考虑时间和运动的内在关系时，这是易于理解的。”

那么，自由落体运动的速度究竟是随距离而均匀增加还是随时间均匀增加的？刚开始时伽利略曾认为自由落体运动的速度与下落的距离成正比，但伽利略很快发现，这种想法是错误的。伽利略运用了一个理想实验来论证，他说：“如果速度和通过或者将要通过的距离成比例增加，那么这些距离是在相等的时间内通过的；于是，如果落体通过一段 8 英尺的距离的速度是它通过最初 4 英尺时的 2 倍（刚好一段是另一段的 2 倍），而通过这些路径所需的时间间隔应当是相等的。但是完全相同的物体在同一时间内下落 8 英尺和4 英尺只有在瞬时运动的情形才是可能的；而观察告诉我们落体运动通过 4 英尺所占据的时间比通过 8 英尺的时间短；于是速度与距离成比例增加是不对的。”

于是，伽利略再假设速度与下落的时间成正比，并将匀加速运动定义为“如果一个运动从静止开始，它在相等的时间间隔中获得相等的速度增量，则说这个运动是匀加速的”。伽利略发现这样定义不仅满足简单性要求，而且还不会自相矛盾。

在伽利略所处的时代，能够精准计时的工具还没有发明，计时无法精准测量，更不用说速度了。于是伽利略巧妙地回避了这些难题，将一个陌生复杂的问题转换为一个相对较易测量的问题来验证。伽利略运用数学方法，他从加速度公式 $a=\frac{\Delta v}{\Delta t}$ 出发，得出时间 Δt 内的速度变化量为：

$$\Delta v=a\Delta t$$

由于初速度等于0，且是从0时刻计时，故经过时间t后的瞬时速度为：

$$v_t=at \qquad ①$$

初速度等于0的匀加速运动，经过时间t的位移为：

$$s=\frac{0+v_t}{2}t \qquad ②$$

将①代入②式，得：$s=\frac{1}{2}(at)t=\frac{1}{2}at^2$

即：$\frac{s}{t^2}$=常量

即只要实验验证$\frac{s}{t^2}$=常量，那么自由落体运动就是他所定义的匀加速运动。

不过，由于自由落体运动下落过程非常快，时间很短，要进行精确的测量还是有较大的困难，于是伽利略设计了斜面冲淡重力作用的实验延长观察和测量时间并进行了著名的斜面实验。“取大约12库比特长、半库比特宽、三指厚的一个木制模件或一块木料，在上面开一条比一指稍宽的槽，把它做得非常直、平坦和光滑，并且用羊皮纸给它画上线，羊皮纸也是尽可能地平坦和光滑，我们沿着它滚动一个硬的、光滑的和非常圆的黄铜球。把这块木板放在倾斜的位置，使一端比另一端高出1或2库比特，照我刚才说的把球沿着槽滚下，并用马上将要描述的方法记录下落所需的时间。我们不止一次地重复这个实验，为的是精确地测量时间，以使两次观测的偏差不超过$\frac{1}{10}$次脉搏。在完成这种操作并且确认它的可靠性之后，我们现在仅在槽的$\frac{1}{4}$长度上滚这个球；在测得它下降的时间后，我们发现它刚好是前者的一半。接下来我们尝试别的距离，把球滚过

整个长度的时间与 $\frac{1}{2}$，$\frac{2}{3}$，$\frac{3}{4}$ 或者任何分数长度上的时间作对比，在成百次重复的这种实验中，我们总是发现通过的距离之比等于时间的平方之比，并且这对于平面，即我们滚球的槽所在平面的所有倾角都是对的。我们还观察到对于平面不同倾角的下落时间相互之间的精确比例，我们下面会知道，作者曾经对它预测并且做了证明。”

可以看出伽利略进行了不同倾斜角的下滑实验，都证明了下滑的距离与所用的时间的平方成正比，由此推断当斜面的倾斜角增加到将斜面竖直起来后，自由落体下落的距离也跟所用的时间的平方成正比。

3.7.3 用天平“称出”时间

伽利略在《对话》中写道：“为了测量时间，我们用一个大的盛水的容器，把它放在高处；在容器的底部焊上一根直径很小的细管，确保可以喷出的水柱很细，在每一次下落的时间内，我们把射出的水收集在一个小玻璃杯内，在每一次下落后，收集的水都在非常精密的天平上被称量；这些重量的差别和比例给了我们时间的差别和比例，我们以这样的精度重复操作了许多许多次，所得到的实验结果之间却没有可以感知觉察的差别。”

3.7.4 应用单摆等时性测量时间

伽利略将灯摆动的情境迁移到研究中，设计了伽利略单摆实验，发现了单摆的等时性和决定单摆周期的因素，并用以测量时间，为提出斜面实验、理想实验提供原型支持。

3.8 伽利略的运动学与亚里士多德的区别

伽利略所处的时代是亚里士多德之后经历了近两千年的时代，是“前科学”时代与“科学”时代交汇的关键年代，随着对世界的认知不断丰富，人们的观念已经发生了根本性的变化，为伽利略的发现创造了良好的条件和氛围。伽利略是古希腊之后经过一千九百多年欧洲黑暗时期，公开向宗教的权威、向亚里士多德关于运动学与动力学的错误、向旧知识及其方法体系宣战的第一人。

3.8.1 运用的推理方法不同

“在实验物理学上，一切定理均由现象推得，用归纳法推广之”，但运用归纳推理，务必有一个前提，这些用来归纳的“现象”一定是真相。亚里士多德根据日常观察，运用归纳推理，得出“重的物体下落快，轻的物体下落慢”的结论，虽然流传了近两千年，但由于不是真相，最终还是被伽利略的逻辑推理推翻。伽利略把实验和逻辑推理（包括数学演算）和谐地结合起来，不仅创立了一套对近代科学发展极为有益的科学方法，而且还发展了人类的科学思维方式。爱因斯坦对伽利略的研究作出了高度评价：“伽利略的发现及其对科学推理方法的运用是人类思想史上最重要的成就之一，标志着物理学的真正开端。”

3.8.2 伽利略与亚里士多德的研究方向不同，注定结果不同

伽利略侧重研究匀加速运动性质，亚里士多德侧重运动快

慢解释。我们知道匀变速直线运动涉及的概念多、规律多，因此，研究落体运动的快慢是一个复杂的系统工程。亚里士多德认为所有的实际物体的质料都是四种要素，即“土、水、气和火”中的一种或几种的结合物；天体则由第五种“元素”——“以太”构成；每个物体都有一个自然的处所，重的物体的处所在下面，轻的物体的处所在上面。“重的物体下落快，轻的物体下落慢”，进而得出物体下落的速度跟重量成正比。伽利略则不同，解释落体问题之前，先建立涉及匀速运动、加速运动、速度、加速度、距离等的一系列定义及其公理，侧重研究匀速运动、匀加速运动的性质，再研究斜面实验，最终得出落体运动是一种初速度为零的匀加速直线运动。

伽利略创立的理想实验的观点代替了亚里士多德的直观式观点。关于运动，我们常人的直觉想法是，运动与推、拉、提等行为有关联，而且若想让物体运动得越快，需要我们提供的推力便要越大，所以直觉就会告诉我们：运动的快慢必然与外力的作用有关。基于这些，亚里士多德提出“重的物体下落快，轻的物体下落慢，物体下落的速度与物体本身的重量成正比”。重的物体下落快，轻的物体下落慢的说法看似非常自然，正因为这样才流传了两千年之久。一个在平直路上推车的人突然松手，这辆车在完全停止之前还会继续前进一段距离。人们都知道，车轮越顺滑，路面越光滑，车继续前进的距离就会越远，但施加润滑油、让路面更光滑的本质到底是什么？只有伽利略意识到是“让外界的影响变得更小”，想象一条光滑水平道路，以及一个没有任何摩擦的车轮，停止推动后，不会有任何东西让推车停下来，它会永远向前运动。

3.8.3 对运动的定义不同

伽利略与亚里士多德对运动的定义不同。亚里士多德认为自然是运动和变化的根源，因此，将运动分为三类：质方面的运动（质变）、量方面的运动（量变）和空间方面的运动（机械运动），它们共同组成了亚里士多德说的运动学说。伽利略将运动界定为位置的改变，侧重描述匀速运动、自然加速运动和抛体运动。

4

哥哥比弟弟更年轻

——双生子佯谬

4.1　经典物理的时空观

4.1.1　思想实验：伽利略航船实验

伽利略是最先将思想实验引入科学研究中的物理学家，他设计的思想实验充满着无穷的智慧，物理学研究的大门从此被打开。伽利略为了反驳所有用来反对地球运动的实验，设计了一个被后人称之为“伽利略航船实验”的实验，他在《两大世界体系的对话》中对封闭的船舱内发生的力学现象有过一段生动的描述：

“……为了最后指出过去所列举的那些实验全然无效，在这里向你说明一个非常容易检验这些实验的方法，似乎是时候了。把你和一些朋友关在一条大船甲板下的主舱里，再让你们带几只苍蝇、蝴蝶和其他小飞虫。舱内放一只大水碗，其中放几条鱼。然后，挂上一个水瓶，让水一滴一滴地滴到下面的一个宽口罐里。船停着不动时，你留神观察，小虫都以等速向舱内各方向飞行，鱼向各个方向随便游动，水滴滴进下面的罐子中。你把任何东西扔给你的朋友时，只要距离相等，向这一方向不必比另一方向用更多的力，你双脚齐跳，无论向哪个方向跳过的距离都相等。当你仔细地观察这些事情后（虽然当船停止时事情无疑一定是这样发生的），再使船以任何速度前进，只要运动是匀速的，也不忽左忽右地摆动，你将发现，所有上述现象丝毫没有变化，你也无法从其中任何一个现象来确定，船是在运动还是停着不动。即使船运动得相当快，在跳跃时，你将和以前一样，在船底板上跳过相同的距离，你跳向船尾也不会比跳向船头远，虽然你跳到空中时，脚下的船底板向着你跳的相反方向移动。你把不论什么东西扔给你的同伴时，不论他是在船头还是在船尾，只要你自己站在对面，你也并不需要用更多的力。水滴将像先前一样，滴进下面的罐子，一滴也不会滴向船尾，虽然水滴在空中时，船已行驶了许多柞［“柞”为张开的大拇指和中指（或小指）两端间的距离］。鱼在水中游向水碗前部所用的力，不比游向水碗后部大，它们一样悠闲地游向放在水碗边缘任何地方的食饵。最后，蝴蝶和苍蝇将继续随便地到处飞行，它们也绝不会向船尾集中，并不因为它们可能长时间留在空中，脱离了船的运动，为赶上船的运动显出累的样子。如果点香冒烟则将看到烟像一朵云一样向上升起，不向任何一边移动。所有这些一致的现象，其原因在于船的运动是船上一切事物所共有的，也是空气所共有的。这正是为什么我说你应该在甲板下面的缘故：因为如果这实验是在露天进行，就不会跟上船的运动，那样上述某些现象就会出现或多或少的差别。毫无疑问，烟会同空气本身一样远远落在后面。至于苍蝇、蝴蝶，如果它们脱离船的运动有一段可观的距离，由于空气的阻力，就不能跟上船的运动。但如果它们靠近船，那么，由于船是完整的结构，带着附近的一部分空气，所以，它们既不费力，也没有阻碍地会跟上船的运动。由于同样的原因，在骑马时，我们有时看到苍蝇和马蝇死叮住马，有时飞向马的这一边，有时飞向那一边，但是，相对于落下的水滴来说差别是很小的，至于跳跃和扔东西，那就完全觉察不到差别了……”

利用这个思想实验，伽利略不仅解释了为什么人们感觉不到地球的自转和公转，而且还帮助了牛顿、爱因斯坦以及我们理解匀速运动。

4.1.2 惯性参考系与非惯性参考系

机械运动的规律在有些参考系中是不成立的，或者说牛

顿运动定律在有些参考系中不成立。坐在汽车上的乘客，当汽车突然转弯时乘客会感到有一种力作用在上身而往弯的外侧倾斜，这时的汽车就不能当作惯性参考系；汽车突然启动或刹车时，乘客也会感到有类似的作用而倾斜，这时汽车不能视为惯性参考系。伽利略航船就是一个惯性参考系，在一个参考系中只要某个物体符合惯性定律，则其他物体都服从惯性定律。因此，对某一特定物体惯性定律成立的参考系为惯性参考系，简称惯性系。

4.1.3 伽利略相对性原理

不论伽利略航船匀速行驶多快，还是在平静的水面上静止不动，在伽利略航船里面不论是走动、跳跃，还是抛射或投掷物体，效果都是一样的。一个对于惯性参考系做匀速直线运动的其他参考系，其内部所发生的一切力学过程，都不受到系统作为整体的匀速直线运动的影响；或者说不可能在惯性参考系内部进行任何力学实验来确定该系统做匀速直线运动的速度。由此可得出结论：相对于一惯性参考系做匀速直线运动的一切参考系都是惯性参考系，而对于物理学规律来说一切惯性参考系都是等价的。

4.1.4 经典力学的时空观

人类在很久之前就讨论了运动与空间、时间的关系，并从描述物体的运动中抽象出了空间和时间的概念：运动是在空间中进行的，运动的多样性决定了运动的复杂性，运动的快慢和方向有各种可能，有位移就有运动，有运动就有位移，因此空间概念来源于物体运动的广延性；运动也是连续的，而时间是通过运动体现的，运动完成了多少总是被认为时间已过去了多少，因此时间概念来源于物体运动过程的持续性。亚里士多德在《物理学》一书中就指出了时间、空间和运动的不可分割性，运动是时间、空间的本质，运动在时间、空间中进行；运动是永恒的，时间是无始无终的，时间和空间都是无限可分的。牛顿在《自然哲学的数学原理》一书中写道：①绝对的、真实的、数学的时间。这种时间由其本身的特性所决定，它均匀地流逝着，与外在的所有事物没有任何关系……②绝对空间。绝对空间始终保持着一种不变和静止的状态，它也与一切外在事物无关……③处所是被物体所占有的空间中的一个部分。处所既可以是绝对的又可以是相对的，这由空间的性质来决定。我这里所说的处所是空间的一个部分，说的不是物体在空间中的位置，也不是物体的外在表面。

借用类比法来理解运动与空间、时间的关系，可以形象地说空间给物体提供了一个运动的“舞台”，但并不干扰物体的“表演”；时间像一条看不见的“长河”，均匀流逝并默默地计量着物体运动的持续性，任何物体及其运动都奈何不了。也就是说空间和时间与物质及其运动无关，它们彼此也不相关，而一切物理过程都用相对于它们的空间坐标和时间坐标来描述，这就是牛顿的时间观。基于牛顿已认识到他的运动定律只适用于相对于绝对空间或相对于绝对空间做匀速直线运动的空间，他在《自然哲学的数学原理》“绪论”定义部分的“附注”中引入绝对时间和绝对空间的概念，正是为了完善他的动力学公理体系。牛顿时空观的概念加上伽利略相对性原理便构成了经典物理的时空观。

4.2 爱因斯坦的两个基本假设

爱因斯坦 16 岁提出了“追光”设想，用了十年时间，经过对当时物理学中各种相互矛盾观点的分析与思考，放弃许多无效的尝试。“终于醒悟到时间是可疑的”，爱因斯坦大胆地放弃了牛顿的绝对时空观，以此为突破口，从同时性的相对性入手，提出了两个基本的假设，即相对论基本原理：

第一是相对性原理：一切惯性参考系都是平等的，不存在绝对静止的“特殊参考系”，静止和运动是相对的，一切物理规律（不论是力学的、光学的或电磁学的）在所有的惯性参考系中都相同。

第二是光速不变原理：光在真空中的速度，对于一切惯性参考系来说都是相同的，它与光源的运动速度无关，也跟观察者或测量仪器的运动速度无关。

光速不变原理突破了同时性的绝对性，光速不变的含义是在真空中光速的大小不变，与光源运动状态无关，与观察者的运动状态无关。光速还以一个常数同时出现在电磁关系、洛仑兹变换、时空联系、质能关系、能量与动量相联系等公式中，成为物质若干基本性质之间的重要桥梁，成为信号传递不可逾越的界限，从而揭开了人类认识史上新篇章，形成了 20 世纪物理学发展的重要支柱之一。光速不变原理虽然跟经典时空观是矛盾的，但它作为爱因斯坦的两条基本假设，是建立相对论时空观的基础，现已被科学实验间接证实。

通过两个基本的假设，可得到不同惯性参考系的坐标变换关系式：

$$x' = \frac{x - vt}{\sqrt{1 - \frac{v^2}{c^2}}}，y' = y，z' = z，t' = \frac{t - \left(\frac{v}{c^2}\right)}{\sqrt{1 - \frac{v^2}{c^2}}}$$

式中 c 为光速，x，y，z，t 为 S 惯性参考系的时空坐标，x'，y'，z'，t' 为 S' 惯性参考系中的时空坐标，S' 惯性参考系相对 S 惯性参考系沿 x 轴以速度 v 运动。

将这个时空变换关系式用到麦克斯韦电磁场方程，可证明相对性在不同的惯性参考系中电磁场方程的形式保持不变，再利用上述关系，可导出相对性速度加法公式：

$$u = \frac{u' + v}{1 + \frac{v}{c^2}u'}$$

式中 u' 表示物体在 S' 惯性参考系中的速度，u 表示物体在 S 惯性参考系中的速度。此式表明速度合成法能满足光速不变原理，从而消除了光速不变与经典速度合成法则的矛盾。如果 u' 和 v 都很小，则 $u=u'+v$，这就是经典力学中的速度合成公式；如果 u' 和 v 都很大，例如十分接近光速，它们的合速度也不会超过光速，也就是说光速是速度的极限；此外，当 $u'=c$ 时，不论 v 取什么值，总有 $u=c$，这表明，从不同参考系中观察，光速都是相同的。

4.3 相对论的三个效应——爱因斯坦的相对时空观

同时的相对性是由两个基本假设直接导出的，同时的相对性是理解时间间隔的相对性的基础，长度的相对性是由同时的相对性导出的，理解时间和空间的相对性必须注意这种逻辑关系。

4.3.1　同时的相对性

同时的相对性是针对发生在不同地点的事件而言的。因为如果两个事件同时发生在位置坐标上的同点，那么这两个事件光信号的传递就是相同的过程。在这种情况下，不论是在静止参考系观察还是在运动参考系观察，都不会出现先后接收到光信号的问题，此时同时就是绝对的，与参考系的选择无关。如果两个事件发生在位置坐标上不同点，针对观察者来说才会有是否同时接受光信号的问题。根据光速不变原理，此时同时的概念并不是绝对的，它跟参考系的选择有关，在运动的惯性参考系中同时发生的两件事，在静止参考系中的观察者所看到的就不是同时发生的，反之在静止参考系中同时发生的两件事，在运动惯性参考系中的观察者所看到的也不是同时发生的，这就是同时的相对性。例如，用爱因斯坦的假想火车实验来加深对这个问题的理解，假设一列很长的火车沿平直轨道飞快地匀速行驶，车厢中央有一个光源发出一个闪光，车上的观察者认为闪光同时到达前后两壁，如图 4-1 甲所示；而站台上的观察者认为闪光先到达后壁，后到达前壁，如图 4-1 乙所示。有些人对这个问题仍不理解，我们可以用极端思考法来理解，假设火车以光速做匀速直线运动，则车速与光速一样，根据光速不变原理，对站台上的观察者来说，光永远也无法到达车的前壁，而对火车上的观察者来说，火车是静止的，因光速不变，所以闪光同时到达前后壁。由此可知，对火车上的观察者来说是同时发生的事件，对站台上的观察者来说是不同时的，两个事件是否同时发生与参考系的选择有关。

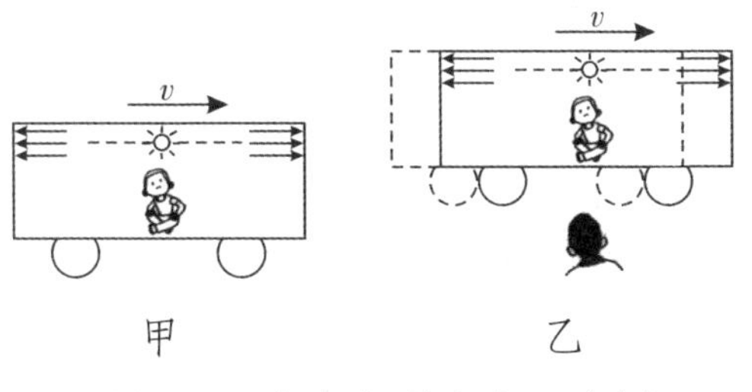

图4-1 火车与观察者示意图

4.3.2 时间的相对性与运动的物体的时间会变慢

时间的相对性是针对在不同的参考系的观察者而言的。在同一参考系中，时间的标准是相同的，但在不同的参考系，时间的标准不相同；在同一参考系中，时间的长短是绝对的，但在不同的参考系中，时间的长短就不是绝对的，而跟参考系的选择有关，这种现象叫作时间的相对性，这已被科学实验证实。时间可用钟表测量，而每一种能测量时间的工具都可看作钟表。以高速火车为例，假设车厢地板上有一个光源，发出闪光，对于车厢上的人来说，光是按如图 4-2 甲所示的路径传播，即车上的人认为光是沿竖直方向到达小镜又沿竖直方向被反射，则闪光被小镜反射后回到光源的位置往返所用的时间 $t_0=\frac{2h}{c}$，而对于站台上的观察者来说，在光的传播过程中，火车向前运动了一段距离，因而被小镜反射后又被光源接收的闪光是沿路径 AMB 传播的，如图 4-2 乙所示，如果火车的速度为 v，则站台上的观察者测得的闪光从出发到返回光源所用的时间 t 可由关系式$\left(\frac{vt}{2}\right)^2=\left(\frac{ct}{2}\right)^2-h^2$求出，即 $t=\frac{t_0}{\sqrt{1-(v/c)^2}}$，由此可知站台上的观察者测得的时间要长一些，这就是说站台上

的观察者认为火车上的钟要慢一些。可是车上的人反而认为站台正朝相反的方向运动，站台上的时间进程比火车上的要慢。这两个观点都是正确的，这就是时间的相对性。在一个惯性参考系中，运动的钟比静止的钟要走得慢的效应叫作“钟慢效应”。

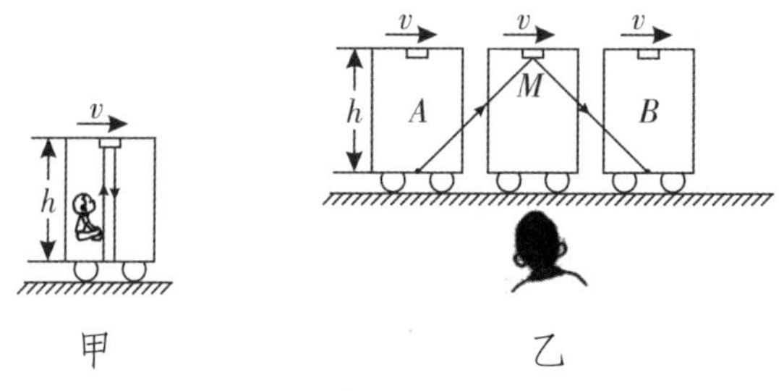

图4-2　火车与观察者示意图

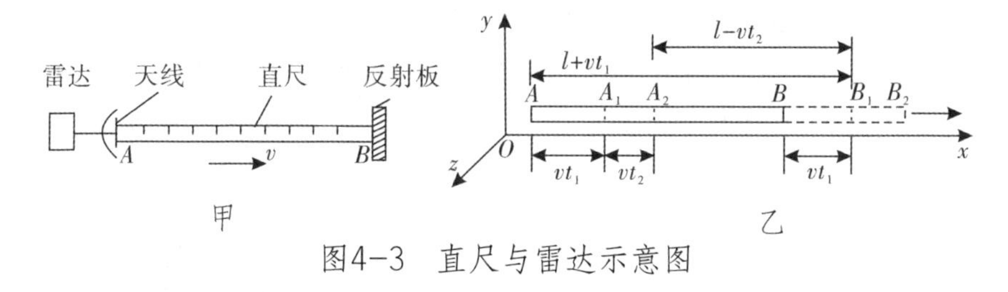

图4-3　直尺与雷达示意图

4.3.3　空间的相对性与运动的物体的长度会收缩

要理解空间的相对性就必须先理解长度的相对性，长度的相对性也是针对在不同的参考系的观察者而言的。在同一惯性参考系中物体的长度是绝对的，但在不同的惯性参考系中，物体的长度就不是绝对的，而跟参考系的选择有关，这种现象叫作长度的相对性。用雷达钟来讨论，设雷达天线跟反射板间的距离等于一根直尺的长度，如图 4–3 甲所示，这把直尺在静止参考系中长度是 l_0。让雷达钟沿直尺方向以速度 v 运动，雷达钟从天线 A 发出的信号经反射板 B 反射后又被雷达接收，如

图 4–3 乙所示，从相对于雷达钟静止的观察者来说，信号往返一次所经过的时间为 t_0，则：

$$ct_0=2l_0 \qquad ①$$

但从相对于地面静止的观察者来说，这段时间等于 t，t 和 t_0 的关系是：

$$t=\frac{t_0}{\sqrt{1-\frac{v^2}{c^2}}} \qquad ②$$

设信号从 A 运动到 B 的时间为 t_1，地面上的观察者看到直尺已到达 A_1B_1 位置，再从 B 返回到 A 的时间为 t_2，直尺已到达 A_2B_2 位置，则由 $ct_1=l+vt_1$，$ct_2=l-vt_2$，可得 $t_1=\frac{l}{c-v}$，$t_2=\frac{l}{c+v}$。

因为 $t=t_1+t_2$，所以

$$t=\frac{2cl}{c^2-v^2} \qquad ③$$

由①②③式可得，$l=l_0\sqrt{1-\frac{v^2}{c^2}}$

这表明运动尺的长度 l 小于 l_0，随着相对速度的变化而变化，这就是长度的相对性。运动的长度收缩是相对的，如若将上述直尺放置在地面上，观察者以一定的速度沿长度的方向运动，则观察者认为地面上的直尺收缩。必须注意物体沿运动方向的长度缩短，与运动方向垂直方向的长度并不收缩，若将正方形宣传画贴在铁路旁的墙上，超高速列车上的乘客看到的是长方形宣传画，所以空间是相对的。物体沿运动方向的长度比其固有长度要短的效应叫作“尺缩效应”。

4.4　双生子佯谬

一个叫作彼得和保尔的“悖论”：设想彼得和保尔是同

时出生的双胞胎兄弟，当他俩长大到能够驾驶宇宙飞船的年龄时，保尔以非常大的速度驾驶飞船背离地球飞向远方。由于留在地面上的彼得看到保尔飞得这么快，因此，在彼得看来，保尔的时钟走得更慢一些，包括保尔的心跳变慢了，保尔的思维过程也变慢了，保尔的生理过程也将变慢了，所有的事情的变化都变慢了。但是，保尔并没有觉察到任何不正常的事情，不过，如果保尔四处漫游了一段时间之后返回到地面时，保尔就会比留在地面上的彼得年轻一些！实际上，这是对的，这个结论是广义相对论的一个推论，而相对论是已经被清楚地证明了的。正如μ子在运动时寿命更长一样，保尔在运动时更年轻。只有那些认为根据相对性原理就意味着所有的运动都是相对运动的人，才把这个推论叫作“悖论”，因为这些人会反驳道：从保尔的角度看，难道我们不可以认为彼得也在做背离飞船的运动？因此在保尔看来，彼得看起来应该衰老得更慢。由对称性原理可知，唯一可能的结论应是当两人再次相遇时大家的年龄应该是一样的。

4.4.1 解释双生子佯谬，需要用到相对论的三个效应和一个概念

三个效应是同时的相对性、运动时钟延迟和运动尺度缩短，一个概念是“物理事件”。“物理事件”就是在特定的时间和地点发生的事情，如：在文昌航天发射中心发射“天问一号”运载火箭，国家航天局于2021年4月24日上午正式宣布中国第一辆火星车名称为“祝融”等事件，是实实在在发生的，它是绝对的，不是相对的。哪怕你在高铁上与站台上的我擦肩而过，只要面对面在一个地方对视或握手，就构成了一个相遇事件，在这个相遇事件中，我看到了你，你看到了我，不论是

你的坐标系里还是我的坐标系里，看这个事件里的你我，谁更年轻谁更年老，都一目了然。

但是，如果在这个相遇事件中，你告诉我你的一个兄弟在5光年以外的某星球上工作，并告诉我你兄弟现在的年龄，那我可就不一定认同你的观点了。我与你构成一个事件，因为你就在我身边。我与你的兄弟，那不算构成事件。

如果你说你的兄弟今年 30 岁，那是在你的坐标系中你的看法。如果我与你之间存在相对运动，也许在我眼里你的兄弟现在就不是 30 岁了，因为你的“现在”，不等于我的“现在”。“现在”是个幻觉，“同时”是相对的。

有了这些理论铺垫和准备，我们就可以仔细考察双生子佯谬了。

为了将这件事彻底讲明白，我们假定有兄妹三人，他们是三胞胎。姐姐一直待在 A 星球，哥哥坐着宇宙飞船从地球出发前往 A 星球与姐姐见面后，再从 A 星球回到地球与妹妹见面，妹妹一直待在地球上等候哥哥返回地面。

为了简化问题，可假设 A 星球和地球之间没有相对的运动，也就是说，A 星球对地球而言只不过就是个比较远的地方而已。那么，我们就可以建立一个让地球和 A 星球都静止的坐标系，显然在这个坐标系中妹妹和姐姐也是静止的——她们可以在这个坐标系里“同时”成长，年龄总是一样的。

我们假设在相对于妹妹静止的坐标系中，地球到 A 星球的距离是 20 光年，哥哥的飞船的速度是 $0.8c$。为了尽可能地去除广义相对论效应，我们假设哥哥一直保持高速，加速和减速都不需要花什么时间。

有了以上的限定条件，现在我们定义三个事件：

事件1：哥哥前往 A 星球，与妹妹在地球道别；

事件2：哥哥到达A星球，并与姐姐见上一面；

事件3：哥哥返回到地球，并与妹妹再见面。

如果双生子佯谬没毛病，相对论没问题，那么这三个事件的当事人的年龄，就应该与兄妹二人所在的坐标系无关。

4.4.2　在两个坐标系中，考察三个事件发生时当事人的年龄

在妹妹的坐标系中，妹妹和姐姐是静止不动的，哥哥在做运动。地球到A星球的距离是20光年，哥哥的速度是$0.8c$。

事件1发生时，哥哥和妹妹在一起，而姐姐又跟妹妹在同一个坐标系里互相静止，所以兄妹三人的年龄是一样的，为了简便，干脆假设这时候他们三个的年龄都是0岁。

在妹妹看来，哥哥要飞行25年才能到达A星球。所以事件2发生时，妹妹和姐姐的年龄都为25岁。但是，哥哥相对于妹妹高速运动有“钟慢效应”，这时哥哥却只有15岁。

由此可知，哥哥和姐姐会面时，哥哥比姐姐年轻了10岁。

等到事件3发生时，在妹妹的坐标系下，哥哥又要飞25年才能回到地球，所以这时候妹妹已经50岁了。而高速运动的哥哥又有“钟慢效应”，他飞行这段距离仍只需15年。哥哥返回与妹妹会面时，哥哥的年龄是30岁。

哥哥飞了一圈，妹妹原地不动，结果哥哥比妹妹年轻了整整20岁。

在哥哥的坐标系中，哥哥的飞船静止不动，妹妹和从地球到A星球这段距离在以$0.8c$的速度运动。由于“尺缩效应”，所以在哥哥的眼中地球到A星球的距离不是20光年，而是12光年。

事件1发生的时候，哥哥和妹妹在一起，他俩都是0岁。由

于“同时”是相对的，在哥哥的坐标系中，事件 1 发生时，姐姐的年龄不是 0 岁，而是 16 岁。这个 16 岁的计算公式是 $\frac{Lv}{c^2}$，其中 $v=0.8c$，$L=20$ 光年 $=20c$年，代入 $\frac{Lv}{c^2}=\frac{20c \cdot 0.8c}{c^2}$ 年 $=16$ 年。

从事件 1 到事件 2，哥哥看到的是 12 光年的距离以 $0.8c$ 的速度运动，需要经历 15 年。所以事件 2 发生的时候，哥哥是 15 岁。

在哥哥的坐标系中姐姐在高速运动，由于“钟慢效应”从事件 1 到事件 2，姐姐只需要经历 9 年。所以事件 2 发生的时候，姐姐是 16 岁 + 9 岁= 25 岁，这时妹妹的年龄是 9 岁。

此时，在哥哥的眼中，哥哥 15 岁时，妹妹只有 9 岁。

接下来，哥哥要掉头飞回地球。掉头之前，是“地球—A 星球”相对于哥哥从右向左飞；掉头之后，是“地球—A 星球”相对于哥哥从左向右飞。也就是说，一旦掉了头转换了坐标系，在哥哥眼中的妹妹就好像事件 1 时的姐姐一样，远方的妹妹会比眼前的姐姐大 16 岁。

既然姐姐是 25 岁，妹妹就应该是 25 岁 + 16 岁 = 41 岁。

从事件 2 到事件 3，哥哥又经历了 15 年，年龄变成 30 岁。而高速运动的妹妹只经历了 9 年，妹妹的年龄变成 41 岁 + 9 岁 = 50 岁。

这三个事件发生时：

事件 1：哥哥 0 岁，妹妹 0 岁；

事件 2：哥哥 15 岁，姐姐 25 岁；

事件 3：哥哥 30 岁，妹妹 50 岁。

区别在于不在场的第三人的年龄：

事件 1：妹妹坐标系中姐姐 0 岁，哥哥坐标系中姐姐 16 岁；

事件 2：妹妹坐标系中妹妹 25 岁，哥哥坐标系中妹妹 9 岁；

事件3：妹妹坐标系中姐姐50岁，哥哥坐标系中姐姐25岁+9岁=34岁。

为什么是哥哥比妹妹年轻，而不是妹妹比哥哥年轻？因为哥哥和妹妹的经历并不是等价的。妹妹一直都在做同一个匀速直线运动，而哥哥经历了两个不同方向的匀速直线运动。为此哥哥必须在A星球先后经历减速、掉头、再反向加速的运动过程，而这种经历妹妹一直没有发生。当哥哥掉过头来时，各种不寻常的事情都在他的宇宙飞船中突然发生了，各种东西都被挤到舱壁上，而哥哥则一点也感觉不到这种突然变化。

我们应该好好体会一下哥哥在A星球的突然掉头。掉头之前哥哥还以为妹妹比自己年轻。在整个掉头过程中，哥哥和就在本地的姐姐都没有什么年龄变化（哥哥15岁，姐姐25岁，妹妹25岁），可是掉头之后，哥哥再看妹妹，因为调头妹妹的年龄突然多了16岁，即突然由25岁变为41岁（25岁+16岁=41岁），感觉妹妹一下子由9岁突变到41岁而老了32岁（41岁-9岁=32岁）。

这就是为什么去黑洞执行一次任务，回来就会发现别人都比你老得快——这就暗示了广义相对论。因为哥哥的这次调头是一次剧烈的加速运动，而加速运动等效于一个强引力场。哥哥相当于是处在一个大质量天体的表面，而妹妹相当于是站在高处看哥哥——妹妹感受到了引力红移。

案例 孪生子佯谬问题。孪生子佯谬问题是狭义相对论中关于时间延缓的一个似是而非的疑难问题。按照狭义相对论，运动的时钟走得较慢是时间的性质，一切与时间有关的过程都会因运动而变慢，变慢的效果是相对的，于是有人设想一次假想的宇宙航行，孪生子哥哥阿明和弟弟阿亮在过20岁生日那天，阿明乘高速飞船到宇宙空间去旅行，设飞船一去一回相对地球都做匀速直线运动，速度的大小为v=0.999 8c，阿明按照飞船上的时钟和日历，在飞船上生活了整整一年后回到地球上。在地球上观察这段时间间隔为$t=\frac{t_0}{\sqrt{1-\frac{v^2}{c^2}}}=\frac{1}{\sqrt{1-0.9998^2}}$年$\approx$50年。当21岁的阿明旅行归来时，迎接他的是一直住在地球上的70岁的阿亮。上述过程反过来分析，也可以看成飞船不动，而地球以v=0.999 8c反方向一去一回，如果在地球上观察的时间也是一年，那么在飞船上观察的时间将是50年，所以当阿亮过21岁生日时，赶回来祝贺他的将是70岁的阿明。那么当阿明乘坐飞船回到地球时，阿明和阿亮究竟谁年轻？

解析　对孪生子佯谬的正确理解要抓住下列两点：第一，相对论运动的时钟变慢的结论适用于两个做相对运动的惯性参考系，若飞船相对地做匀速直线运动，从地球上看惯性参考系飞船上的阿明变年轻了；而从飞船上看反方向做相对运动的地球上的阿亮也变年轻了，这两个结果都是对的，因为相对性是针对两个相互做匀速直线运动的惯性参考系而言的，这两个参考系是对称的。而当飞船飞出去后又飞回到地球上，必定要经历加速—匀速—减速掉头后再加速—匀速—减速的过程，这样飞船就不能看成一个参考系，而是处于不同的参考系中，而留在地球上的阿亮始终处在同一个参考系中，所以上述推论是荒谬的。第二，狭义相对论不能回答谁更年轻的问题，但对于非惯性参考系，按照广义相对论理论，在变速系统中发生的时间变慢是绝对的，考虑到这一事实，则飞船上的钟比地球上的钟慢，即阿明比阿亮年轻。这个结论已被科学家设计的原子钟实验和μ子的衰变实验所证实，即让飞机携带铯原子

钟以270 m/s的速率绕地球飞行一周，实验结果证明了绕地球航行的钟比静止在地球上的钟走得慢，如让μ子高速匀速运动或沿圆形轨道高速飞行，实验测得μ子的寿命比静止在地面上的μ子要长。

4.5 爱因斯坦相对论理论的重要意义

爱因斯坦的相对性理论对物理学、哲学和社会的发展都具有重大的意义。首先，狭义相对论已成为物理学的经典内容，现已渗透到高中物理教材中，狭义相对论与量子力学结合，成了现代物理学发展的主流。微观、宏观、宇宙观的研究都离不开相对论，天体演化、生命起源、粒子结构——这是现代科学的三大前沿阵地，尤其是天体演化、粒子结构研究中，相对论起着支柱的作用。另外，爱因斯坦创立相对论时阐述的方法论，对于物理学的发展有重大的启发作用。其次，相对论从根本上改变了牛顿的绝对时空观，改变了人们对世界的根本看法，极大地丰富了哲学的内涵。再次，相对论理论的重大发明正在造福人类社会。狭义相对论深刻地揭示了能量与质量的相互联系，即 $E=mc^2$，这一关系式是现代高能粒子物理学以及核能应用的基本规律，质能关系式为核能的应用提供了坚实的理论基础，爱因斯坦认为质能关系式是他创立狭义相对论中最有意义的结果，由质能公式可知，1 kg 铀全部裂变，它放出的能量超过 2×10^6 km 优质煤完全燃烧所释放的能量；全球定位系统之所以能将物体的位置精确到米，正是根据相对论理论对地球卫星发出的信号进行了修正；狭义相对论与量子理论结合，指出反物质的存在，科学家们利用正电子，即反物质“电子”，通过 X 射线层析照相术研究大脑活动……可以说相对论对社会发展具有重大意义。

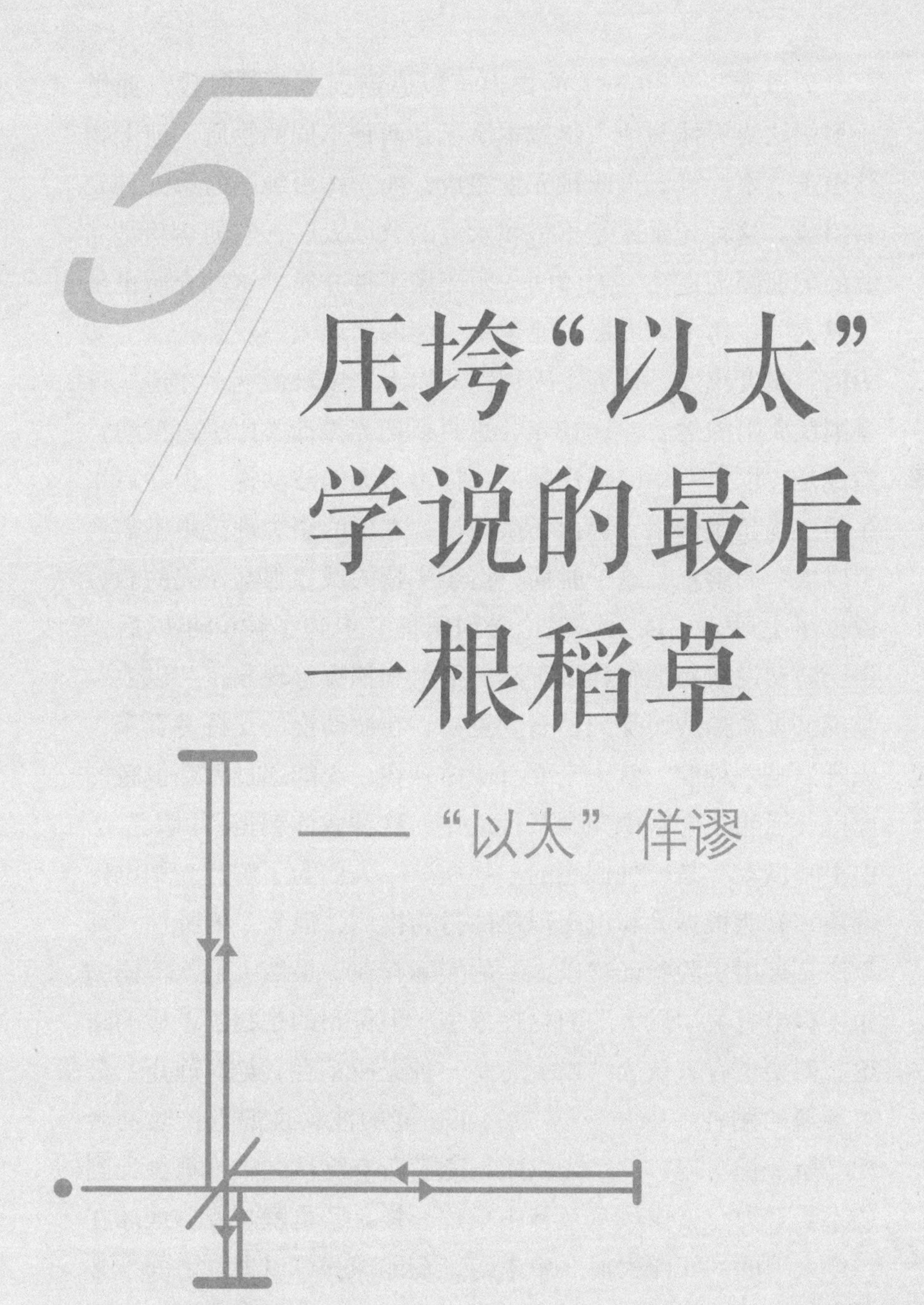

5 压垮“以太”学说的最后一根稻草

——“以太”佯谬

“以太”（ether）的提出可以追溯到古希腊时代。亚里士多德认为天体与地上物体本质上是两种不同的物质，地上物体由土、水、气、火四种元素组成，而天体由纯洁的第五种元素组成。这种元素就是不朽和永恒的“以太”，它的运动是完美的匀速圆周运动。天体间一定充满某种介质，这种介质也是“以太”。笛卡尔发展了亚里士多德的“以太”观念，从“动力因”角度出发，认为太阳周围“以太”出现漩涡，才造成行星围绕太阳的运动。1678年，惠更斯把光振动类比于声振动，看成是“以太”中的弹性脉冲，提出了光的波动说。但是后来牛顿主张超距作用，提出了微粒说，在他的引力理论中不需要“以太”的解释。这一时期，由于牛顿的威望很高，光的微粒说占了上风，“以太”理论受到压抑。但到了1800年以后，由于波动说成功地解释了干涉、衍射和偏振等现象，“以太”学说又重新抬头而受到了高度重视。在波动说的支持者看来，光既然是一种波，就一定要有载体存在。光能通过万籁俱寂的虚空，证明在虚空中充满某种载体，这种载体就是“以太”。由于“以太”是一种假想的“物质”，人们为了解释光和电磁现象，只能根据光和电磁现象的行为推测“以太”的特性，却无法直接用实验验证“以太”的实际存在。虽然人们从不同的角度提出有关“以太”的物理模型，但得到的是相互矛盾的结论。例如，有人认为“以太”是一种无所不在、绝对静止、极其稀薄的刚性“物质”。1804年，光的波动说的直接验证者托马斯·杨写道：“‘光以太’充满所有物质之中，很少受到或不受阻力，就像风从丛林中穿过一样。”也就是说，地球在“以太”的“汪洋大海”中遨游，在地球和“以太”之间，必定有相对运动引发的“以太风”。法国的阿拉果也认同“以太风”的存在，他认为英国天文学家布拉德雷1728年观测到的光行差现象实际上就是一个“以太漂移”实验，可以证明地球相对于“以太”的漂移运动。

5.1 新世纪的两朵“乌云”

经典物理学的架构以17世纪牛顿建立起来的牛顿三大运动定律和万有引力定律等成就为基石，并在接下来两百年的科学研究中，创造了一个看似无懈可击的宇宙模型。这种模型称为牛顿机械宇宙观、决定论或因果论。根据这个模型，假使我们能掌握已有运动信息、受力信息和初始条件，原则上就能计算出宇宙中一切物体未来的运动行为，我们处于一切都已预定好的宇宙中，包括任何运动与变化，没有自由选择，没有不确定性，更没有概率存在。这个模型几乎能够解释从天上到地面等宇宙的一切物理现象，从研究运动物体的动力学中力与运动的相互作用到热力学、光学、电学、磁学以及天体物理学，可以说是包罗万象。这个模型还能够描述一切物理现象，近到地球上日常生活中的一切物体，远到可见宇宙的最边缘之物。通过实践，对于经典物理学的基本准确性、基本真理，似乎再没有可供怀疑的地方了。正因为这样，人类迈入了 20 世纪的时候，据说，开尔文勋爵发表了著名的宣言：“现在，物理学中已没有什么新东西有待发现了，剩下的工作就是越来越精确的测量。”这句广为人知的宣言，反映出了当时物理学家的普遍心态。不过，估计它很有可能是后人杜撰出来的。

1900 年 4 月 27 日，在伦敦阿尔伯马尔街皇家研究所举行了一场学术报告会，这场报告会对于科学界来说是一件载入史

册的大事。欧洲众多著名的科学家都从四面八方云集于此，参加英国科学促进会的一次会议，会上他们聆听了德高望重的开尔文勋爵的演讲，开尔文勋爵演讲的标题是《在热和光动力理论上空的19世纪乌云》。已经76岁白发苍苍的开尔文勋爵用他那特有的爱尔兰口音发表了演说，他的第一段话是这么说的："动力学理论断言，热和光都是运动的方式。但现在这一理论的优美性和明晰性却被两朵小小乌云遮蔽，显得有点黯然失色了……"物理学晴朗天空上的两朵著名的"乌云"，分别是指经典物理在"以太"学说和麦克斯韦-玻尔兹曼能量均分学说上遇到的难题，具体来说指的就是人们在迈克耳孙-莫雷实验和黑体辐射研究中的实验数据与理论预测相矛盾的困境。

先说说第一朵"乌云"，即迈克耳孙-莫雷实验的实验结果与理论预测结果的不一致性。在当时人们的观念里，"以太"代表了一个绝对静止的参考系，充满整个空间，而地球穿过"以太"在空间中运动，就相当于一列高铁在高速行驶，迎面会吹来强烈的"以太风"。美国著名的物理学家迈克耳孙在 1881 年进行了一个实验，本来计划连续观测一年，以探测"光以太"对于地球漂移速度的影响程度，并确定地球绕太阳运行中四季的不同对"以太风"造成的差别。但实验结果并不令人满意。于是迈克耳孙找到热衷于精密测量的美国化学家莫雷合作，并于 1887 年安排了第二次实验。这应是当时物理史上进行的最精密的实验：为了提高精度，迈克耳孙和莫雷动用了当时最新最先进的干涉仪；为了防止微振动带来的干扰，进而提高系统的灵敏度和稳定性，迈克耳孙和莫雷将干涉仪实验装置安装在一块很重的大石板上，已将干扰的因素降到最低；为了尽可能地增加光路，干涉仪的臂长已达 11 米。尽管在莫雷的加入后，实验的设计如此严格苛刻，实验的可操作性准备得如此完美周到，但实验结果不仅让迈克耳孙和莫雷无比失望，而且还让当时的每一个物理学家都迷惑不解，并在很长的一段时间内依然如故。当时并没有谁能意识到该实验结果是判决性的，就连迈克耳孙自己也对结果百思不解而大失所望。根据事先计算，干涉条纹本应移动 0.37，但实际测量值还不到 0.01，说明两束光线根本就没有表现出任何的时间差，“以太”似乎对穿越于其中的光线毫无影响。迈克耳孙和莫雷心有不甘地接连观测了四天，但因为这个否定的结果是如此坚定不变而不容置疑的，迈克耳孙称自己的实验是一次失败，以至于不得不放弃准备连续观测一年的承诺。

迈克耳孙-莫雷实验是史上最有名的“失败的实验”，它当时在物理界引起了绝望与轰动，几乎没有谁从中意识到惊喜即将来临。因为“以太”这个概念作为绝对运动的代表，是经典物理学和经典时空观的基础。而这根支撑着经典物理学大厦的部分梁柱竟然被一个“失败”实验的结果无情地否定，那也就意味着整个物理世界的大厦即将轰然崩塌而待重生。不过，那时候再悲观的人也不认为“物理学中已没有什么新东西有待发现了”，伟大胜利总会遇到新的挑战。即将登上珠穆朗玛峰顶的经典物理学体系会莫名其妙地就这样倒塌？所以人们为了拯救这个史上“失败的实验”，还绞尽脑汁地提出了许多折中的办法加以调和，如爱尔兰物理学家费兹杰惹和荷兰物理学家洛仑兹分别独立地提出了一种假说，认为物体在运动的方向上会发生长度的收缩，从而使得“以太”的相对运动速度无法被测量到。这些假说看似使“以太”的概念得以继续保留，但已经对它的意义提出了强烈的质疑，因为很难想象，一个只具有

理论意义的想象物理量还有存在的必要。果然如此，当相对论被提出后，“以太”的概念便彻底退出了历史的舞台，仅仅成为物理学发展史上一个不可或缺的故事传奇。

开尔文勋爵所说的第一朵“乌云”就是在这样的背景下提出来的。不过他相信长度收缩的假设已经使人们“摆脱了迈克耳孙–莫雷实验的困境”，他认为我们所要做的仅仅是继续查漏补缺、修补并完善现有理论，以使“以太”更好地和物质的相互作用自洽罢了，最终将这朵乌云驱散。

再简单地说说第二朵“乌云”。第二朵“乌云”指的是黑体辐射实验结果和理论预测的不一致性，我们会在后面的主题中再仔细探讨。在开尔文勋爵发表演讲的时候，第二朵“乌云”仍然没有任何能够得到解决的迹象，不过开尔文勋爵对此持乐观态度，并提出了自己的看法，他认为要驱散这朵乌云最好的办法，就是否定玻尔兹曼的能量均分学说，因为他本人并不认同玻尔兹曼提出的能量均分学说。玻尔兹曼是热力学和统计物理学的奠基人之一，奥地利哲学家、物理学家，“原子论”的坚定捍卫者。作为一名物理学家，他最伟大的功绩是发展了通过原子的性质（如原子量、电荷量、结构等）来解释和预测物质的物理性质（如黏性、热传导、扩散等）的统计力学，并且从统计意义对热力学第二定律进行了阐释，从根本上改变了物理学。中学物理教科书中有涉及玻尔兹曼的内容，玻尔兹曼在麦克斯韦的基础上得出了气体分子按能量分布的规律，其研究成果奠定了分子动理论的基础。罕见天才玻尔兹曼的分子运动理论在当时确实存在着较大的争议。

年迈的开尔文勋爵站在讲台上侃侃而谈，台下的听众对他的演讲不时给予热烈的掌声。但是，当时竟没有一个人（包括开尔文勋爵本人在内）能认识到这两朵看似不起眼的小小“乌云”，对于物理学发展和进化究竟意味着什么。他们更无法想象，正是这两朵看似不起眼的小小“乌云”，从几乎接近完美的经典物理学的大厦上撕裂了两个缺口，并给经典物理学带来了一场前所未有的危机与冲击，打破了经典物理存在“以太”的一种根深蒂固的思维范式，颠覆了人们对经典物理的认知和牛顿机械宇宙观的认识，引发了经典物理学领域一场地动山摇的颠覆性的革命，促使现代物理学的山洪暴发，推动了现代物理学和科学技术的高速发展。他们更无法预见的是，正是这两朵小小的“乌云”，给物理学和科学技术带来了一次伟大的新生，在烈火和暴雨中实现涅槃，并重新建造起两幢更加壮观美丽的大厦。

第一朵“乌云”最终导致了相对论革命的爆发，第二朵“乌云”最终导致了量子论革命的爆发，正因为这两朵小小“乌云”的比喻后来变得如此关键而著名，以至于几乎在每一本关于物理史的书籍中都被反复地引用，进而成为一种模式化的陈述。

今天看来，开尔文勋爵当年的演讲简直像一个神秘的谶言，似乎在冥冥中又带有某种宿命的意味。科学在他的预言下转了一个急转弯，不过发展的方向和结局绝对出乎开尔文勋爵的意料。如果这位顽固的老头子能够活到现在，看到物理学在新世纪里的新发展，他会不会为他当年所说的“现在，物理学中已没有什么新东西有待发现了，剩下的工作就是越来越精确的测量”而深深自责。

5.2 迈克耳孙-莫雷实验原理

5.2.1 伽利略的相对性原理：以船在河中运动为例类比

为了容易明白，我们用一个简单的类比来介绍迈克耳孙-莫雷实验的基本要点。假定在一段宽为 D 的平直河道上有 A、B 两艘小船，河水的流速为u，两船在静水中的速率均为 v。A 船从一岸横渡到正对岸然后再返回出发点，而 B 船平行于河岸向下游驶过距离 D 然后再返回出发点（如图 5-1 所示）。根据生活经验，由于水流对两船的影响是不相同的，它们往返同样距离所需的时间肯定是不相同的。现在就让我们用物理学上的相关常识来计算 A、B两船来回往返一次所需的时间（忽略船头调头所需的时间）。

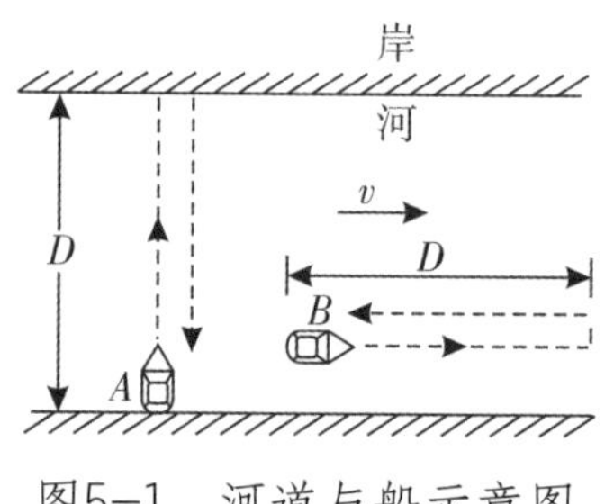

图5-1　河道与船示意图

情境 1：垂直于河岸的情形。

我们首先考虑 A 船的情形。为了能刚好到达河岸的正对岸，根据生活常识，可知必须使船头斜向上游前进，要使船能刚好到达正对岸，必须要求 v（相对于河水来说）沿上游方向的分量等于 $v_1=-u$，这样才可以刚好抵消河水的流速 u 带来的影响，A 船过河的实际速度 v_1等效于剩下的垂直于河岸的分量，由勾股定理可知，A 船横渡的实际速度大小为：

$$v_1 = \sqrt{v^2 - u^2}$$

因此，A 船过河到达正对岸的时间是 $\frac{D}{v_1}$。此外，由于回程也要用完全相同的时间，故总的来回往返一次所需的时间 t_A 等于$\frac{2D}{v_1}$，即

$$t_A = \frac{2D}{v_1} = \frac{2D}{\sqrt{v^2 - u^2}}$$

情境 2：平行于河岸的情形。

B 船的情形就完全不同了，当 B 船顺流而下时，它相对于河岸的实际运动速度肯定比 v 要大，为 $v+u$，因而它顺流而下航行距离 D 的时间为：

$$t_1=\frac{D}{v+u}$$

然而，在 B 船返回时的实际运动速度肯定比 v 要小，为 $v-u$，因而它逆流而上航行距离 D 的时间为：

$$t_2=\frac{D}{v-u}$$

B 船来回往返一次所需的总时间 t_B 等于这两段往返时间之和，即

$$t_B=\frac{D}{v+u}+\frac{D}{v-u}$$

时间 t_A 和 t_B 之比为：

$$\frac{t_A}{t_B} = \sqrt{1 - \frac{u^2}{v^2}}$$

只要知道了 v 和 u，就可以算出 $\frac{t_A}{t_B}$。

5.2.2 迈克耳孙–莫雷实验的设计思想

因为“以太”存在，光速在“以太”中的传播类似于船在河中运动，适用于上面介绍的伽利略相对性原理。迈克耳孙–莫雷实验的示意图如图 5–2 所示，迈克耳孙和莫雷将干涉仪

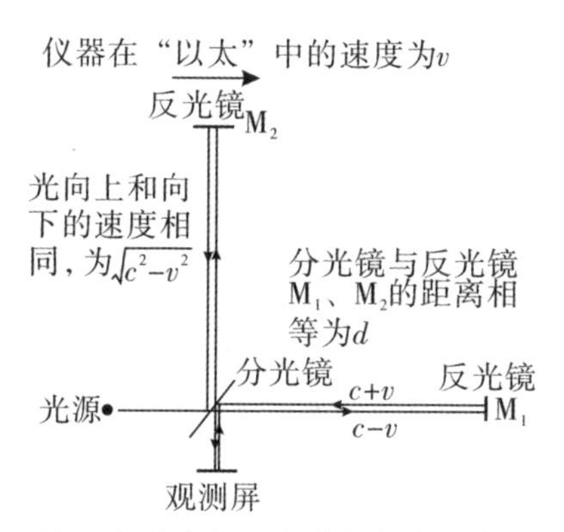

图5-2　迈克耳孙-莫雷实验示意图

安装在十分平稳的大理石上，并让大理石漂浮在水银槽上，可以平稳地转动，并在整个仪器缓慢转动时连续读数。这时该仪器的精确度为 0.01%，即能测到 $\frac{1}{100}$ 条条纹的移动，用该仪器测条纹移动很容易。迈克耳孙和莫雷设想：如果让仪器转动 90°，光束来回的时间差应发生改变，干涉条纹会发生移动，若能从实验中测出条纹移动的距离，就可以求出地球相对“以太”的运动速度，从而证实“以太”的存在。但实验结果是未发现条纹有任何移动。

迈克耳孙-莫雷实验所得到的结果，18 年之后才最终由爱因斯坦作出解释，并促进了相对论理论的创立。

5.3　历史上的实验解释

从 1887 年到 1905 年，不少物理学家都试图去解释迈克耳孙-莫雷实验，提出以下几种解释。

5.3.1 收缩假说

估计是受安培分子电流假说的启示，爱尔兰物理学家乔治·菲茨杰拉德根据麦克斯韦电磁理论，在 1889 年对迈克耳孙–莫雷实验提出了一种解释。菲茨杰拉德指出，如果物质是由带电荷的粒子组成的，一根相对于“以太”静止的量杆的长度，将完全由量杆粒子间的静电平衡决定，而量杆相对于“以太”运动时，组成量杆的带电粒子将会产生磁场，从而改变这些粒子之间的间隔平衡，导致量杆缩短。这样一来，当迈克耳孙–莫雷实验所使用的仪器指向地球运动的方向时，仪器就会缩短，而缩短的程度正好抵消光速的减慢。有些人曾经尝试测量菲茨杰拉德所说的缩短值，但都没有成功。这类实验表明菲茨杰拉德提出的缩短在一个运动体系内是不能被处在这个运动体系内的观察者测量到的，所以他们无法判断该体系内的绝对速度，光学的定律和各种电磁现象不受绝对速度的影响。再者，运动参考系中的缩短，是运动参考系中所有物体皆缩短，而运动参考系中的人，是无法测量到自己的缩短量的。

5.3.2 洛仑兹假说（洛仑兹长度收缩电子理论）

1892 年，荷兰物理学家洛仑兹也提出了与菲茨杰拉德相同的量杆收缩解释。洛仑兹长度收缩电子理论承认“以太”的存在和光速变化。到了 19 世纪末，大家已经知道物体由原子组成，而原子又由带负电的电子和带正电的部分所构成。一把尺子包含着一定数目的原子，它的长度取决于原子间的距离。洛仑兹假设，原子间的作用力主要是电磁力，原子就分布在其他原子对它的电磁作用的平衡位置上。由麦克斯韦方程组（假定它在相对于“以太”静止的参照系中成立）可以计算出带电

粒子周围的电磁场。当粒子在“以太”中静止时，因为此时力场是球对称的，所以，它在各个方向的电势是中心对称的，这时的等势面是一个球面，电势$\varphi=\frac{q}{R}$（其中q为粒子所带电荷，R为由粒子到所考察点的距离）；当粒子以速度u相对于“以太”运动时，计算发现力场不再是球对称，它在各个方向的电势不再是中心对称，这时的等势面不再是一个球面，而是一个椭球面，垂直于运动方向上的直径不变，而在运动方向上的直径却以比率$\sqrt{1-\frac{u^2}{c^2}}$缩短，相当于球在运动方向上被挤扁了。这显然是电荷在“以太”中运动的效应。1895 年，洛仑兹提出了更为精确的长度收缩公式，也把时间调慢了一点，这就是著名的洛仑兹变换。通过“以太”的运动物体，纵向长度发生收缩（平行于运动方向），其收缩的比例恰好符合迈克耳孙-莫雷实验的计算。同时这个方向的时间也变慢，这个方向的光的速度保持不变，这是光速不变的最早模型。至于为什么要改动时间，没有人知道，也没有理论依据，笔者估计洛仑兹是为了自洽性，千方百计地弥合实验与经典物理的裂痕。这个光速不变的版本，承认“以太”存在，没有悖论。根据他的设想，观察者相对于“以太”以一定速度运动时，长度在运动方向上发生收缩，以解释迈克耳孙-莫雷实验；时间变慢，以满足光速在量杆运动方向没有发生变化。这样，洛仑兹就在不抛弃“以太”概念的前提下，提出了光速不变。

5.3.3 光速不变假说

1905 年，在洛仑兹提出光速不变的观点 10 年后，爱因斯坦认为，既然光速不变，作为静止参考系的“以太”就没有理由存在，于是彻底抛弃静止参考系“以太”；同时，以站台和火车分别作参考系观察乌鸦在空中的飞行，提出了狭义相对性原理。然后以光速不变原理和狭义相对性原理为基本假设，在此基础上建立了狭义相对论，同时保留洛仑兹变换来解释迈克耳孙-莫雷实验和光速不变。爱因斯坦理论中的洛仑兹变换是指纯数学的空间缩短，不再是组成量杆的带电粒子距离的缩短，而且这种空间缩短不具有任何实质性的物理意义。比如，两艘速度不同的火箭经过太阳系，那么从慢速火箭上看到的地球与太阳的空间距离与快速火箭上看到的空间距离不同，空间距离的物理意义在于引力大小，和阳光辐射强度紧密相关。而实际上，地球与太阳引力大小和阳光辐射强度与两艘火箭的速度没有任何关系。

5.3.4 弹道假说

里茨受经典物理学叠加原理的影响，在1908年设想光速是依赖于光源的速度，即运动光源所发射出来的光线速度与光源速度以矢量方式相加，也就是“以太流”的影响被“以太”内的光速和光源的速度所抵消。弹道假说由天文学上观测

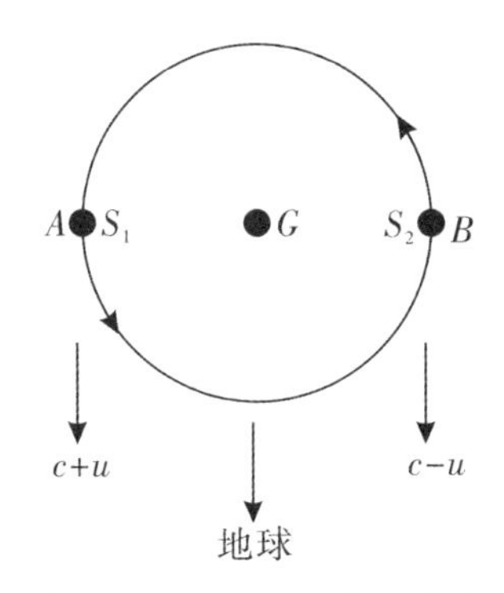

图5-3 双星运动示意图

双星运动的结果而易于排除。德希特于1931年在莱顿大学指出，如果是这样的话，那么一对相互环绕运动的星体将会出现很奇怪的现象：双星由 A 比较缓慢地运动到 B，然后一下子由 B 回到 A（如图5–3所示），甚至双星会出现次序颠倒的异常运动，而这些现象并没有被观察到。观测发现，光的速度与光源的速度无关，由此也证明了爱因斯坦提出的光速不受光源速度、观察者的影响是正确的。

5.4 伟大的“意外”实验：第一朵“乌云”漫谈

物理史上有一些著名的“意外”实验。“意外”这个词，指的是实验未能取得预期的成果，在某种程度上，也可能是“失败”的实验。

5.4.1 启示1：课题研究有时来自不经意间的贵人建议与挑战的勇气

迈克耳孙在柏林大学亥姆霍兹实验室工作时，发明了可以测量微小长度、折射率和光波波长的干涉仪，这为迈克耳孙设计探测“以太”实验提供了可能性。如果没有这项技术作为前期准备，迈克耳孙就不可能去测“以太”的漂移速度。但真正促使迈克耳孙利用干涉仪测量“以太”速度的却是麦克斯韦于1879年3月写的一封信。这封信是麦克斯韦寄给美国航海局的一位叫托德的工作人员的，信中感谢他寄来一份有关木星的天文表，并问及是否有足够的精确度来确定太阳系相对于“以太”的绝对运动速度 v。他指出，通过地球运行轨道的不同部位进行木星食的观测数据来确定太阳系相对于“以太”的绝对运动速度v是一个一级效应，即与$\frac{v}{c}$的一次方成比例。如果取地球相对于“以太”的速度，从地球上进行观测，由于运动而引起的相对时间变动则为一个二级效应，即比例于$\left(\frac{v}{c}\right)^2$，只有这个二级效应才会对光往返的时间产生影响，从而测出地球相对“以太”的速度，但这个量极小，无法测定出来。迈克耳孙看到了这封信时，就认定这是一个挑战，并下定决心测出“以太”漂移速度，并在1881年进行了一个实验想测出这个相对速度，但结果并不十分令人满意。

5.4.2　启示2：根深蒂固的保守观念，可能影响一个人接受全新的观念

我们在前面已经谈到了迈克耳孙-莫雷实验，这个实验的结果是如此地令人震惊，以至于它的实验者迈克耳孙直到去世，也未改变“以太”这个保守的观念，至死不懈地相信“以太”的观念，却从未相信自己实验结果的正确性。但正是这个否定的证据，最终使得“以太”的观念寿终正寝，从而使相对论的诞生成为可能。这个实验结果的“失败”在物理史上却应该说是一个伟大的胜利。

迈克耳孙虽然用他闻名于世的实验证实了“以太”根本不存在，但他本人直到去世时都一直没有放弃“以太”观念。在他晚年还经常提到“可爱的‘以太’”。在去世前4年，即1927年出版的最后一本书上，他还写道：“虽然相对论已被普遍接受，但我个人仍然保持怀疑。”而在1927年，相对论早已被认定是20世纪最伟大的理论了，但迈克耳孙仍坚持不承认相对论，这种极端的保守态度，真令人感到惊讶。他不但

不为自己曾为相对论做出了贡献而高兴，反而感到遗憾。

迈克耳孙于 1907 年获得了诺贝尔物理学奖，该奖表彰了他发明精密光学仪器并借助这些仪器在光谱学和度量学的研究工作中所做出的贡献，特别是他根据光的波长确定了国际标准米的长度。学过物理的人都知道这个否定“以太”漂移说的迈克耳孙–莫雷实验，仅凭这项实验工作的重要性，就足以确定该项实验的设计者迈克耳孙在物理史上的更重要的历史地位，但令人费解的是，迈克耳孙本人从不提及这个实验，并且也不愿意别人在他面前提及，就连在1907 年获得诺贝尔物理学奖的演讲中也没提及这个实验，这项实验成为世纪之交经典物理晴朗天空中的一朵乌云。

1931 年，爱因斯坦在专门去拜会迈克耳孙时说了一段话：“我尊敬的迈克耳孙博士，您开始工作时，我还是一个小孩子，只有一米高。正是您，将物理学家引向新的道路。您精湛的实验工作，铺平了相对论发展的道路。您揭示了‘光以太’理论的隐患，激发了洛仑兹和菲茨杰拉德的思想，狭义相对论正是由此发展而来。没有您的工作，这个理论今天顶多也只是一个有趣的猜想，您的验证使之得到了最初的实验基础。”爱因斯坦想借此机会当面向迈克耳孙表达敬意和敬佩。但迈克耳孙听了爱因斯坦的称赞后，却说：“我的实验竟然对相对论这样一个‘怪物’起了作用，真是令人遗憾呀！”

1931 年，在迈克耳孙病重期间，许多科学家去看望他，他的妻子总是在大门口小声叮嘱探视他的客人：“千万别向他提到相对论，否则他会发火。”

由此可见，迈克耳孙虽然获得了诺贝尔物理学奖，但在对待物理学发展的态度上，他不容易接受新的物理思想。他经常自信地说：“物理学的发展，只能通过精密测量得到，只能在小数点以后的第6位数上寻找。”做精密的实验，对物理学的进步当然很重要，但如果坚持错误理论上的指导，精密测量就会失去意义。例如，迈克耳孙本人虽然能把光学实验做得非常精密，但他不能从“失败”的迈克耳孙-莫雷实验中，看到引起物理学发生重大的、突破性的进展的希望与生机。

5.4.3 启示3：辩证思维和敢于批判结合，爱因斯坦看到“以太”观点的不足

爱因斯坦的相对论，是20世纪最伟大的物理学发现，其起因正是“以太”论，开尔文勋爵晴朗天空上的第一朵“乌云”的化解，最终导致了相对论革命的爆发。不妨回过头去，看看爱因斯坦说过的话：“科学迫使我们创造新的观念和新的理论，它们的任务是拆除那些常常阻碍科学向前发展的矛盾之墙。所有重要的科学观念都是在实在跟我们的理解之间发生剧烈冲突时诞生的。这里又是一个需要有新的原理才能求解的问题。”物理学是自然界的忠实反映，当爱因斯坦看到迈克耳孙-莫雷实验的实验结果与预期结果相矛盾时，这既是旧理论产生新理论的重要障碍，又是旧理论进化为新理论的重要生机，爱因斯坦没有被传统权威的思想牢笼困住，勇敢地运用批判思维，发挥幻想与想象的作用，大胆地抛弃“以太”观念，朝前跨出一大步，颠覆牛顿的时空观，从而打开了相对论的大门。由此可见，在建立一个物理学理论时，基本观念起着至关重要的作用。虽然物理书中充满了复杂的数学公式，但是所有的物理学理论都是起源于思维与观念，而不是公式。在形成观念以后，应该采取一种定量理论的数学形式，使其能与实验相

比较。

而迈克耳孙偏偏是“以太”的信徒，对传统权威、经典理论盲目地迷信与崇拜并缺乏批判性思维。正是由于对传统的、被当时物理学界奉为经典的“以太”观念牢牢抓住不放，他不敢与传统观念决裂，从而无法产生新思想和新理论。正因为这样，才决定了当他已经得到否定“以太”的实验事实时，却缺乏抛弃“以太”观念的勇气与担当。

科学从来都是只相信事实的。近代科学历史上也曾经有过许多类似的具有重大意义的“意外”实验。迈克耳孙正是由于对理论、假说的意义缺乏正确的认识，对别人提出的新理论、新思想不感兴趣，有时显得十分无知。迈克耳孙只专注于埋头实验，对新理论和新思想不感兴趣，他一直不愿意承认相对论，但“以太”佯谬最终成为压垮“以太”学说的最后一根稻草。虽然迈克耳孙获得了诺贝尔物理学奖，但反思迈克耳孙对“以太”的盲目信奉，有利于后人吸取前人的智慧，砥砺前行，少走弯路。

6 量子理论源自拼凑的公式

——紫外发散佯谬

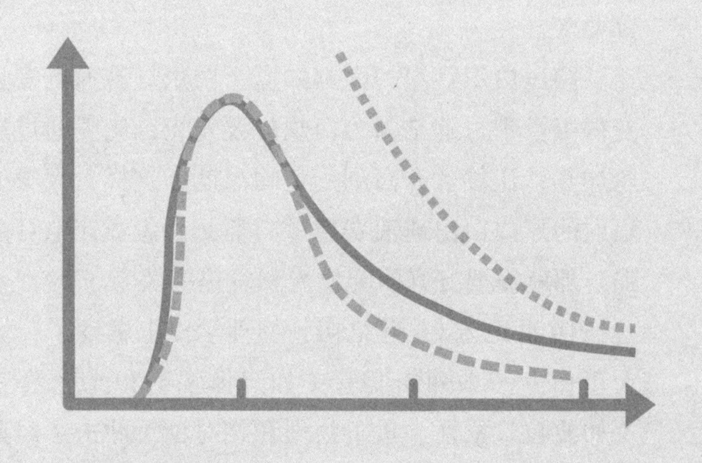

开尔文勋爵在20世纪初提到了物理学里的两朵“乌云”，其中第一朵是指迈克耳孙-莫雷实验令人惊奇的结果，第二朵则是人们在黑体辐射的研究中所遇到的困境。前面已经介绍了第一朵“乌云”，现在接着介绍第二朵“乌云”。

我们的祖先从野火中得到启发，在进化过程中慢慢学会了用原始的火把照明，之后又相继发明了油灯、蜡烛和煤气灯等照明方式。这些发光体有一个共同特点，先燃烧自己发出火，再发出光去照亮他人，这意味着光与热辐射相关联。我们知道，所有的物体在被加热到足够高的温度时，都会发光，伟大的发明家爱迪生从中得到启示，于1879年在一位玻璃专家的帮助下，根据电流的热效应，成功地选用炭化纤维制作出长寿命的白炽灯，人类从此迎来了崭新的电光照明时代。电灯泡的灯丝被加热，温度升高到2000 ℃时，发出亮眼的光芒，只是与温度达到3000～4000 ℃的电弧的耀眼光芒相比，灯泡发出的光显得发黄一些。太阳的表面温度高达6000 ℃，它发出的光中所含的蓝光比上面提及的所有光源发出的光中含有的蓝光都要多。

摸过白炽灯泡的人都知道，白炽灯泡通电发光几分钟后就变得很烫手，这是因为白炽灯要发光，先要通过电流做功将灯丝加热，让灯丝升高到一定的温度，这样，大量的能量就以热辐射的形式白白地浪费掉了。那么，怎样让电灯多发光少发热呢？那就需要好好研究发光和发热的关系了。

19世纪末20世纪初，物理学史上爆发了一场震撼人心的大革命。一系列新实验（如黑体辐射和光电效应）和新思想（如波粒二象性、量子物理和相对论）冲击了经典物理学的理论根基，揭开了现代物理学的序幕。黑体辐射中的能量分布作为拉开序幕的一朵“乌云”，经过众多物理学家反反复复地探索，经典物理学遭受到一场特别严重的理论预测与实验事实相悖的失败，从而逼迫物理学家必须放弃原有的理论根基和思维范式，成为爆发这场大革命的主要导火线。回顾这一科学佯谬导致量子论诞生的一系列科学史实，会给我们带来许多有益的感悟和启迪。

6.1 黑体辐射

自然光通过三棱镜折射后可分解为 7 种颜色的光，按波长从长到短排列，依次为红、橙、黄、绿、青、蓝、紫，均为可见光。太阳光广义的定义是来自太阳所有频谱的电磁辐射。在地球，太阳光显而易见是太阳在地平线之上，经过地球大气层过滤照射到地球表面的自然光，也称为日光。按波长从长到短排列，太阳光系包括红外线、可见光和紫外线。人的眼睛只能分辨其中的可见光。

物体（通常指非发光体）的颜色是由反射（或透射）光的颜色决定的，光源色是由光源所发光的光谱决定的。人们通常把物体在日光照射下呈现的颜色叫作物体的颜色。一个物体之所以看上去是红色的，是因为它只反射其中的红光，而将接收到的日光中的橙、黄、绿、青、蓝、紫六色光全吸收，所以看到的颜色就是红色；一个物体之所以看上去是白色的，是因为它反射所有频率的光波，所以看到的颜色就是白色。若用蓝光照射红色物体，这时因蓝光被红色物体全部吸收了，所以物体呈黑色；如果将蓝光照射到白色的物体上，这时因反射的光是蓝光，所以物体呈蓝色；如果一个物体看上去是黑色的，

那是因为它吸收了所有频率的光波。若物体表面能全部吸收投射到它上面的任何波长的光波能量而不会反射任何能量，这种表面称为黑体。比如一个球体，在外表面涂上一层能吸收所有辐射的材料，将投射到球体表面的光线全部吸收且无任何光反射出来，这个球体看上去就是绝对黑色的，即是我们定义的“黑体”。物理上定义的“黑体”跟质点、点电荷、理想气体一样，也是理想化的模型，在自然界中不存在绝对的“黑体”。在实际生活中，纯粹白色和纯粹黑色的物体也是没有的，通常对各种光的反射率在70%以上的物体就感觉是白色的，反射率在10%以下的物体就感觉是黑色的，反射率介于10%和70%之间的物体，表现为不同程度的灰色。

我们凭日常生活经验就可以知道，一块金属铁平时是黑色的，将其放在火炉上加热，起初在温度不太高时，我们看不到它发光，但能感到它在不断辐射热量；当加热到500 ℃左右时，铁块开始变得暗红起来，温度越高，变得越亮，且由暗红色变成橙黄色。这是我们日常生活中熟知的现象，也反映了热辐射的一些特征。

特征1：热辐射不一定需要高温。实际上，任何温度的物体都会发出一定的热辐射，只不过在低温下的热辐射不强，且其中包含的主要波长是红外线，用红外夜视仪侦察目标，就是利用了这个原理。

特征2：随着温度的升高，辐射的总功率增大。

特征3：强度在光谱中的分布由长波向短波转移。

后来人们注意到，温度低时越黑的物体，当温度升得越高时就会变得越亮。于是弄清很黑的物体发光与发热的关系显得非常重要，“黑体辐射”就成了科学家们关切的问题了。

大约从1849年开始，科学家已经发现太阳光谱中的双暗线的波长和某些火焰光谱中双黄色明线的波长是一致的，并进而注意到越亮的明线在转换时就会变为越深的暗线，因而猜想到物质的辐射能力与吸收能力之间有着某种平行关系，这启发了许多物理学家开始关注物体发射光与这个物体对光的吸收之间关系的研究。

6.1.1 基尔霍夫率先发现了辐射本领与吸收本领的关系

任何物体都具有不断吸收、辐射、发射电磁波的能力，物体辐射或吸收的能量与它的黑度、表面面积、温度等因素有关。在19世纪，科学家已发现白底黑花瓷片在高温下发出辐射的情况，即原来黑花纹的地方［即吸收本领$\alpha(\nu, T)$强的地方］发的光强［即辐射本领$\gamma(\nu, T)$强］，原来白底的地方［即吸收本领$\alpha(\nu, T)$弱的地方］发的光弱［即辐射本领$\gamma(\nu, T)$弱］，这说明同一物体的辐射本领$\gamma(\nu, T)$和吸收本领$\alpha(\nu, T)$之间有着内在的联系。实验发现，不同温度下的辐射本领$\gamma(\nu, T)$与吸收本领$\alpha(\nu, T)$之间无普遍的定量关系，但在同一温度下的辐射本领$\gamma(\nu, T)$与吸收本领$\alpha(\nu, T)$之间存在定量关系。1859年，德国物理学家基尔霍夫得到如下著名的基尔霍夫定律：任何物体在同一温度T下的物体的辐射本领$\gamma(\nu, T)$与吸收本领$\alpha(\nu, T)$成正比，比值只与ν和T有关，等于物体处于辐射平衡时的表面亮度$F(\nu, T)$，即

图6-1 基尔霍夫

$$\frac{\gamma(\nu,T)}{\alpha(\nu,T)}=F(\nu,T) \qquad ①$$

式中，$F(\nu,T)$ 是一个仅由波长和温度决定的普适函数，与物质的性质无关。

6.1.2 绝对黑体和黑体辐射及其意义

1862 年，基尔霍夫提出了“绝对黑体”的概念。设想有这样一个物体，它在任何温度下都把照射在其上所有频率的辐射完全吸收，亦即这个物体的吸收本领 $\alpha(\nu,T)$ 与 ν, T 无关，恒等于 1，这种物体称为绝对黑体，即绝对黑体的吸收本领 $\alpha=1$。

绝对黑体在任何温度下能够全部吸收照射在它上面的一切热辐射，$\alpha=1$ 时，由①式得：

$$\gamma(\nu,T)=F(\nu,T)$$

所以对绝对黑体辐射本领的研究就成为寻找 $\gamma(\nu,T)$ 的具体形式的关键，这个问题引起了科学家们的广泛关注。

6.1.3 物体的辐射能量和温度的函数关系

1879 年，斯特藩总结出黑体辐射总能量 E 与黑体温度 T 四次方成正比的关系：

$$E=\sigma T^4$$

1884 年，这一关系得到玻尔兹曼从电磁理论和热力学理论的证明。

1893 年，德国物理学家维恩提出辐射能量分布定律（也称维恩辐射定律）。由于维恩是一位理论、实验都有很高造诣的物理学家，1890 年维恩受邀担任德国帝国技术研究所的主要研究员，成为亥姆霍兹实验室的得力助手。维恩决心借此机会展示自己在理论和实验物理方面的天赋，力争彻底解决黑体辐射问题。维恩从经典热力学的思想出发，假设黑体辐射是由一些服从麦克斯韦速率分布的分子发射出来的，然后通过精密的演绎推导，终于在1894年提出了辐射能量分布定律公式：

图6-2 维恩

$$u=b\lambda^{-5}e-\frac{\alpha}{\lambda T}$$

这就是著名的维恩分布公式。式中 u 表示能量分布的函数，是波长，T 是绝对温度，α 、b 是常数。

接着，德国另一位物理学家帕邢对各种固体的热辐射进行了测量，短波段的实验结果很好地符合了维恩的公式，这使得维恩的研究成果得到了初步的实验检验。

由于维恩分布公式是依据麦克斯韦速率分布理论推导出来的，而麦克斯韦速率分布理论是建立在“气体系统内大量分子无规则热运动导致分子之间频繁地相互碰撞”的基础上的，分子相当于经典粒子，因此，维恩分布公式似乎又让人隐隐约约地感觉到某些地方存在着不对劲。维恩用经典粒子的方法作为切入点来研究热辐射，而热辐射是物体由于具有温度而辐射电磁波的现象，电磁波是一种波动，用经典粒子的方法来分析波，似乎让人有一种不大对的感觉。

果然如此，1899年后，维恩的同事们相继发现了两个问题，一是当把黑体加热到1000 K以上的高温时，测到的短波长范围内的曲线与维恩公式相符，但在长波方面实验结果高于理

论预测值，即在长波段，实验事实与理论出现了明显的偏差；二是能量密度在长波范围内应该和绝对温度成正比，但实验并不是维恩分布公式所预言的那样，当波长趋向无穷大时，能量密度和温度无关。

维恩分布公式在高温长波内的失效引起了英国物理学家瑞利的注意，瑞利试图修改公式以符合实验结论。瑞利的做法是抛弃玻尔兹曼的分子运动假设，简单地从经典的麦克斯韦电磁理论出发提出两个假设，即空腔内的电磁辐射形成一切可能形式的驻波，其节点在空腔壁处；当系统处于热辐射平衡时，根据经典统计物理的能量均分定理，每个驻波应具有等于kT的平均能量。最终他也得出了自己的公式。后来，另一位物理学家金斯计算出了公式里的常数，最后他们得到的公式形式如下：

$$u=\frac{8\pi\nu^2}{c^3}kT$$

这就是瑞利–金斯公式，式中u是能量密度，ν是频率，k是玻尔兹曼常数，c是光速。这样一来，瑞利–金斯公式就从理论上证明了能量密度和绝对温度T在高温长波范围内成正比的实验结果。

很显然，瑞利–金斯公式肯定也不能给出正确的黑体辐射分布。因为，瑞利–金斯公式一开始仅仅是针对维恩分布公式的缺陷而得出的，是一种采用拆东墙补西墙的做法，仅仅是经验式、外科式的补救措施，治标不治本，注定不能从根本上解决之前存在的矛盾和问题。因此，在短波方面的失败肯定是显而易见的。当波长趋于0，也就是频率趋向无穷大时，我们从上面的公式可以明显地看出：能量将无限制地呈指数式增长。如果这样，黑体在它的高频段，也就是短波段就将释放出无穷大的能量。

瑞利之后，金斯做过各种努力，试图绕过瑞利的结论，然而他发现，只要坚持经典的统计理论（能量均分定理），瑞利公式以及短波段能量趋于无穷大的荒谬结论是不可避免的。1911年，奥地利物理学家埃伦费斯特给这一经典理论的困境加上了一个耸人听闻、十分适合在科幻小说里出现的称呼，叫作“紫外灾难”。

当时，遇到的是一个相当微妙而又尴尬的处境。现有的两套公式或理论不完全相容，维恩分布公式只在短波范围内才起作用，而瑞利–金斯公式只在长波的范围内才起作用。这让人有一种非常郁闷的感觉，就类似于你有两套不同的套装的上衣与裤子不搭配一样，要么是一套上衣十分得体，但因裤腿太长太大无法合在一起穿；要么是另一套裤子倒是合适了，而上衣却过于宽大没办法合在一起穿。因为维恩分布公式与瑞利–金斯公式推导的出发点是截然不同的，维恩分布公式是从粒子的角度去推导出来的，而瑞利–金斯公式却是从经典的电磁波的角度推导出来的。解释同一个问题，用到经典物理学上两个完全不相同的模型，类似于匆匆忙忙中穿衣乱搭配。这个难题当时就这样困扰着物理学家们，有一种黑色幽默的意味。当开尔文勋爵在台上描述这第二朵“乌云”的时候，旁听者往往最多只预感到一种小小的危机已经降临，需要对物理学大厦进行小小的修修补补，类似对旧房子重新装修一下，但没有谁能想到这个问题最后会引发物理学上颠覆性的革命。

6.1.4 不同温度下平衡时黑体中的光强度与波长的关系

图 6–3 是物理学家实验测量不同温度下平衡时黑体中的光强度与波长的关系得到的黑体辐射的分布曲线。我们从中可以看到，对于每一个温度，曲线都是单峰结构的：从零波长时的强度为零上升到一个最大值，然后强度又随着波长的增大而减弱，直至趋近于零。如果研究峰值处的波长同温度的关系，会发现峰值对应的波长和温度成反比，这就是维恩位移定律。如果研究每条曲线下面的面积同温度的关系，会发现面积和温度的四次方成正比，这就是斯特藩–玻耳兹曼定律。如果能给出这些曲线的函数的话，这两条定律就都包括在里面了。19 世纪最后的几年，许多人尝试着给出这些曲线的函数，但是都没有成功。

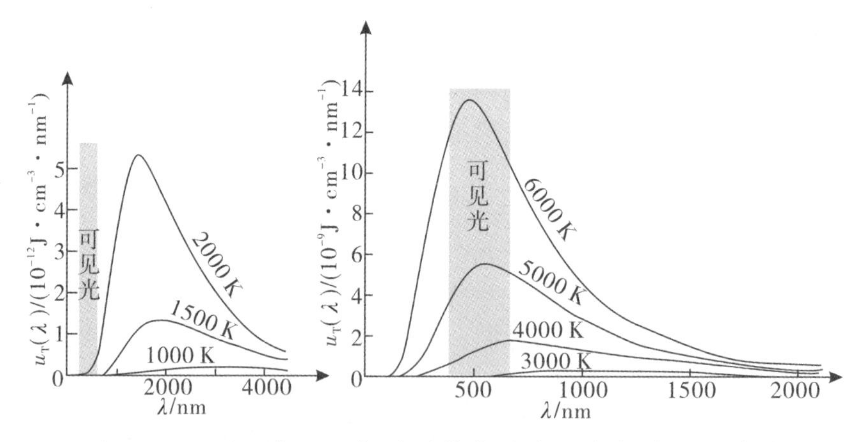

图6–3 不同温度下平衡时黑体中的光强度与波长的关系

图 6–4 是各黑体辐射公式与实验的比较。从图中可以看出，与实验数据比较，在短波区维恩分布公式符合得很好，但在长波范围则有虽不太大但系统的偏离。瑞利–金斯公式与之相反，长波部分符合得较好，但在短波波段偏离非常大。

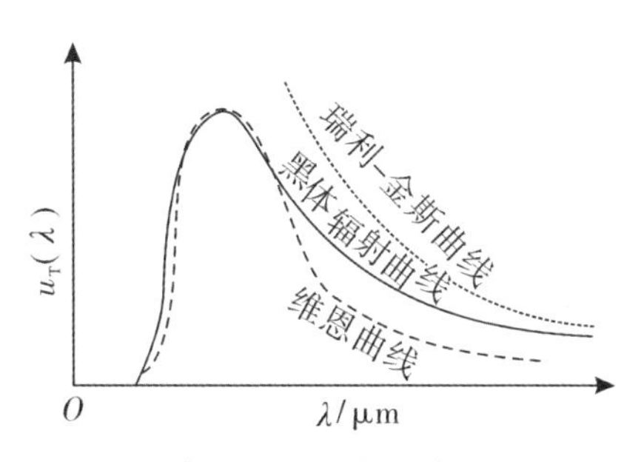

图6-4 各黑体公式与实验的比较

6.2 黑体辐射的紫外发散佯谬

“紫外灾难”又被称为紫外发散佯谬。刚开始，大家只是怀疑瑞利-金斯公式推导过程有差错，后来经过著名的物理学家洛仑兹证明，瑞利-金斯公式的推导过程非常清晰，它的每一步都是依据经典物理学理论有理有据地展开的。只要辐射过程遵循电磁理论的普遍规律和能量均分定理，就必然得到瑞利-金斯公式。但是这个公式在短波区却与实验观测结果大相径庭。这个紫外发散佯谬的产生，无可置疑地表明了经典物理理论在黑体辐射问题上的失败并不是局部性的失败，而是彻底性的失败，意味着整个经典物理学的理论基础所面临的“灾难”已经来临；这个佯谬的出现，进一步揭示了能量均分定理的缺陷，迫使科学家们必须放弃能量连续辐射的传统观念，转而接受能量量子化的观念，导致了量子论的诞生。后来的事实证明，这个佯谬孕育着的正是物理学的一场深刻的革命。随着作用量子 h 的提出，物理学理论发生了一个巨大的跃迁，微观世界的奇特本质突然在人们面前显现出来。

6.3 宏观上连续的物理量往往是由基本量子组成的

6.3.1 连续性与不连续性

这在生活中随处可见，只是那时尚无人注意到。如从广州出发前往重庆，可以自驾前往，也可以乘坐高铁前往。如果是自驾前往，可以让乘坐顺风车的同伴在沿路上任何一个地点下车，若是乘坐高铁就不行，只有在规定的站点下车再转车。因此，从广州到重庆，自驾的起点与到达的地点的距离，既可以用任意小的段落表示，也可以用连续的方式表示；乘坐高铁到达的站点与站点之间的距离的变化没有规则，但总是有限的、跳跃式的，且只能以不连续的方式变化。自驾时距离的变化可以任意小，而乘坐高铁时却不能。又如我们通过阶梯式楼梯与斜面式楼梯上下楼，通过阶梯式楼梯上下楼时，脚只能踩在阶梯平台上，脚踩的位置是不连续的；通过斜面式楼梯上下楼时，脚可以踩在斜面上的任何地方，脚踩的位置是连续的。再如大至不同的国家，小到不同的家庭，人的总数只能是某个整数，不可能出现其他数，因此，是不连续的，如一个家庭，可能只有1个人，也可能有2个人，还可能有3个人……但不可能是1.5个人或2.5个人。又如用于市场中物质交换的钱都是不连续的，如人民币，其最小单位是1分，比1分大的最小数是2分。

6.3.2 宏观上的连续性与微观上的不连续性

我们知道，白砂糖的颗粒结构非常明显，但我们还是认为它的质量是连续的，但如果白砂糖比黄金还贵重，那就会用非常灵敏的秤来称量它，假设每粒白砂糖质量都一样，这个时候，一粒白砂糖就是最小的基本单元，我们就不得不考虑白砂糖质量变化的数目永远是一个颗粒的质量的倍数。这里的一粒白砂糖的质量就是我们的基本量子。从这个例子可以看到，以前一直被认为是连续的量，由于我们测量精密度的增大，会显示出不连续性来，正如爱因斯坦所说的，“假如我们要用一句话来表明量子论的基本观念，我们可以这样说：必须假定某些以前被认为是连续的物理量是由基本量子所组成的”，量子观念的大门就这样被打开了。

6.4　量子观念的形成与提出，破解了“紫外灾难”

大自然是和谐的，物体的辐射能量与频率、温度之间肯定有着一定的函数关系，那么究竟有着怎样的函数关系呢？

6.4.1　内插法显奇效，拼凑的经验公式显威力

普朗克经常研究各种理论，但他并不闭门造车，而是密切关注热辐射研究和实验检验的进展，始终与其他物理学家保持联系，信息共享。正当普朗克为那两个无法调和的公式而苦思冥想，准备重新研究维恩辐射定律时，普朗克的好友鲁本斯告诉他，自己最新的红外测量的结果确证“长波方向能量密度与绝对温度 T 有正比关系”，并且告诉普朗克，“对于（所达到的）最长波长，瑞利提

图6–5　普朗克

出的定律是正确的”。这个信息立即引起了普朗克的重视。普朗克决定不再做那些无谓的假定和推导，先尝试着拼凑出一个公式。他把代表短波方向的维恩公式和代表长波方向的瑞利公式综合在一起，利用数学上的内插法尝试了几天，终于灵机一动，拼凑出一个公式：

$$u=b\lambda^{-5}\cdot\frac{1}{e^{\frac{a}{\lambda T}}-1}$$

这就是普朗克辐射定律。和维恩分布公式相比，仅在指数函数后多了一个“-1”。

随后，普朗克给鲁本斯寄了一张明信片，上面写了这个拼凑的公式。鲁本斯得知这一公式后，立即把自己的实验结果跟这个公式比较，发现完全符合。鲁本斯将实验验证结果告诉了普朗克，谁也没想到这个完全侥幸拼凑出来的经验公式居然这么巧妙。1990 年 10 月 19 日，普朗克在德国物理学会的会议上作了汇报，并宣读了题为《关于维恩光谱方程的改进》的论文，将这个新鲜出炉的经验公式公之于众。

6.4.2 溯因推理，创立了量子假说

溯因推理指用假设的理论去与经验相对照，以证明理论的正确性。

普朗克得出拼凑公式后并不知其所以然，但他意识到这个拼凑出来的神秘公式背后必定隐藏着一些不为人知的秘密，必定有某种普适的原则或假定支持这个公式。为此，普朗克决定转移注意力，为该公式找到一个合适的理论基础，弄清这个拼凑的公式的物理意义是什么，它为什么正确，它建立在什么基础上，它到底说明了什么，而这个任务让普朗克经历了“平生

最难熬的几周”。

他反复地咀嚼新公式的含义，体会它和原来那两个公式的联系以及区别。我们知道，如果从玻尔兹曼运动粒子的角度来推导辐射定律，就得到维恩的形式；如果从麦克斯韦电磁辐射的角度来推导，就得到瑞利–金斯的形式。那么，新的公式究竟是建立在粒子的角度上，还是建立在波的角度上呢?

作为一个传统保守的物理学家，普朗克总是尽可能地试图在理论内部解决问题，而不是颠覆这个理论以求得突破。更何况，他面对的还是伟大的麦克斯韦电磁理论。维恩公式和瑞利–金斯公式的推导过程启发了普朗克，他把电磁学方法和热力学方法结合起来研究黑体辐射问题，在种种尝试都失败了以后，普朗克发现，黑体辐射和周围物体所处的平衡状态，是通过发出或吸收电磁辐射的谐振子和辐射场之间的相互作用建立起来的，经典电磁理论不能描述谐振子与辐射能量交换的不可逆性，只有热力学中的熵可以描述这种不可逆过程。普朗克认为应当确定谐振子能量与它的熵之间的关系，从玻尔兹曼的角度来看问题，把熵和概率引入这个系统中来，从而在黑体辐射的研究中开辟出了一条新路。关于这个过程，普朗克后来回忆道：“即使这个新的辐射公式证明是绝对精确的，也仅仅是一个侥幸揣测出来的内插公式，它的价值也只能是有限的。因此，从 10 月 19 日提出这个公式开始，我就致力于找出这个公式的真正物理意义。这个问题使我直接去考虑熵和概率之间的关系，也就是说，把我引到了玻尔兹曼的思想。”这里指的熵和概率的关系就是玻尔兹曼对热力学第二定律所作的统计解释。

普朗克把目光放在电磁场与空腔材料中的一组振子的相互

作用上。这些振子的主要目的是保证能量通过一个不连续、动态的吸收与发射过程，在可能的辐射频率间保持适当的平衡。普朗克精通熵和热力学第二定律，他开始用辐射定律，就是单个振子的内部能量和振动频率（会引发空腔内部相同的辐射频率），推算单个振子熵的表达式，就此他得出了振子熵的表达式，使用这个表达式得出的计算结果与实验结果完全一致。

此外，普朗克还发现，若要得出他想要的结果，能量元素必定与振子频率直接相关，这就是如今广为人知的公式$E=h\nu$，即量子的能量等于普朗克常数乘以频率，且能量必须固定为$h\nu$的整数倍。普朗克是循着一条与玻尔兹曼截然不同的路径，最终得出这些结论的。

普朗克还根据黑体辐射的测量数据，计算出普适常数h的值：$h=6.65\times10^{-34}$ J · s。后来人们称这个常数h为普朗克常数，而把能量元称为能量子。1900年12月14日往往被人们看成是量子物理学的诞生日。1918年诺贝尔物理学奖被授予普朗克，以奖励他因发现能量子而对物理学的进展所做的贡献。1920年，普朗克在诺贝尔得奖演说中这样回忆道：“……经过一生中最紧张的几个礼拜的工作，我终于看见了黎明的曙光。一个完全意想不到的景象在我面前呈现出来。”普朗克为什么说是“完全意想不到的景象”呢？原来普朗克发现，仅仅引入分子运动理论还是不够的。在处理熵和概率的关系时，如果要使新公式成立，就必须做一个假定：假设能量在发射和吸收的时候，不是连续不断，而是分成一份一份的。这完全打破了之前人们关于能量是连续分布的认知。

6.4.3　能量子开创者的谨慎与担心

作为理论物理学家，普朗克当然并不满足于找到一个经验公式。实验结果越是证明他的公式与实验相符，就越促使他致力于探求这个公式的理论基础。他以最紧张的工作，经过两个多月的努力，终于在1900年底用一个能量不连续的谐振子假设，按照玻尔兹曼的统计方法，推出了黑体辐射公式。

能量子假设的提出具有划时代的意义。但是，不论是普朗克本人还是与他同时代的人，当时对这一点都没有充分的认识。在20世纪的最初5年内，普朗克的工作几乎无人问津，普朗克自己也感到不安，总想回到经典理论的体系之中，企图用连续性代替不连续性。为此，他花了许多年的精力，但最后还是证明这种企图是徒劳的。从普朗克的动摇表明经典物理在他的头脑中是根深蒂固的，他没有认真研究紫外发散的深刻物理意义，因而也就没有明确地意识到经典物理的基础已经动摇。这说明：科学是人为的探索活动，科学家并不是先知先觉的天才，科学上每一个进步都要经历辛勤的劳动和痛苦的失败，正如歌德所言“人要奋斗，就会有错误”。

6.5　山重水复疑无路，柳暗花明又一村

19世纪末，一系列重大发现揭开了近代物理学的序幕。1900年普朗克为了克服经典理论解释黑体辐射规律的困难，引入了能量子概念，为量子理论奠下了基石。随后，爱因斯坦针对光电效应实验与经典理论的矛盾，提出了光量子假说，并在固体比热问题上成功地运用了能量子概念，为量子理论的发展打开了局面。1913年，玻尔在卢瑟福有核模型的基础上运

用量子化概念，对氢光谱作出了满意的解释，使量子理论取得了初步胜利。1900 年到 1913 年可以称为量子理论的早期。

以后，玻尔、索末菲和其他许多物理学家为发展量子理论花费了很大力气，却遇到了严重困难。要从根本上解决问题，只有待于新理论的提出，那就是“波粒二象性”。光的波粒二象性早在 1905 年就已由爱因斯坦提出，并于 1916 年和 1923 年先后得到密立根光电效应实验和康普顿 X 射线散射实验证实，而物质粒子的波粒二象性却是晚至 1923 年才由德布罗意提出。这以后经过海森伯、薛定谔、玻恩和狄拉克等人的开创性工作，终于在 1925—1928 年形成完整的量子力学理论，与爱因斯坦相对论并肩形成现代物理学的两大理论支柱。

6.6 科学发现中内在的和谐美与外在的简洁美

6.6.1 危机与物理理论的突破

科学规律总是隐藏在人们意识不到的大自然中，因此显得很神秘。科学发现始于意识到反常。人们否决了“以太”，发现了光速不变原理，突破经典时空观，直接导致相对论的发现；看到迈克耳孙-莫雷实验结果反常，人们意识到新的科学发现即将出现；在黑体辐射的研究中所遇到“紫外灾难”的困境，人们意识到新的科学理论即将出现。量子理论正是围绕黑体辐射遇到的困难而提出的，并导致了概率理论的提出。纵观物理学上的几次进化，伽利略破解落体运动的研究导致了机械观的兴起；光的粒子性与光的波动性之争，导致了机械观的衰落，波动观的兴起，再导致波粒二象性的统一，从物质波到概率波，观念不断进化；场的提出导致物质观的提升；相对论的提出导致了经典时空观的革命；热力学诞生于19世纪两个并存的物理理论的冲突之中。从这些事例可以看到，在新理论的出现之前，一般都有一段显著的专业不安全感时期，这种不安全感是在常规科学解不开它本应解开的谜的持续失败中产生的，当前游戏规则或理论的失效，正是寻找新游戏规则或理论的前奏，危机的意义就在于它指引着更换解决问题工具的时机的到来。科学发现就是这样，既摧毁旧的概念，又不断创立新观念。物理进化正是这样，不断地寻找观念世界和现实世界的联系。维恩试图从粒子的角度出发来寻找黑体辐射规律，而瑞利–金斯则试图从经典的电磁波的角度出发来寻找黑体辐射规律，这都是建立在传统意义的物理认知上的。而普朗克能从维恩分布公式与瑞利–金斯公式的部分谐调与部分不谐调的矛盾开始，捕捉问题的实质，引入了与经典物理理论完全不同的概念，提出能量不连续的谐振子假设，认为系统的能量不具有任何连续值，它与外界交换能量也是以不连续的量进行，按照玻尔兹曼的统计方法，溯因推理，于是得到的理论公式与经验公式和实验完全一致，圆满地解决了黑体辐射问题。

6.6.2 科学内在的和谐美和外在的简洁美

黑体辐射困难激励着众多物理大师投入其中，这正是危机的魅力。普朗克能从维恩分布公式与瑞利–金斯公式的部分谐调与部分不谐调出发，得到了与实验现象完全一致的普朗克辐射定律，这条公式跟维恩辐射定律相比，仅在指数函数后多了一个“–1”。仅仅内插一个“–1”，就能将维恩分布公式与瑞利–金斯公式统一起来，正说明了物理学存在着内在的和

谐美和外在的简洁美，即“现象之美、理论之美和理论结构之美”，正验证了爱因斯坦说的“上帝是不可捉摸的，但并无恶意”这句话。能量子假设的提出是人类历史上一项开创性的创举，即使实验验证和理论证明都一致的情况下，普朗克仍感到不安，仍试图用连续性代替不连续性，白白地浪费了好几年的时光。这段史实既说明了普朗克对这项开创性研究的严谨性，也隐含着普朗克对自己这项开创性研究成果的不确定性，这告诉后人开创性研究的艰辛与研究者其实承受着的巨大心理压力。普朗克以卓越的见识与智慧和非凡的勇气与担当，在对旧的概念和理论进行的抉择中，创立了量子理论，为物理学的发展开辟出了一条新路。

7 永动机的实现路径

——“麦克斯韦妖”

7.1 蒸汽机带来的学问——热机工作效率与永动机设想

自然科学与应用技术之间存在着相互促进的关系，科学发现是技术发明的先导，科学知识只是潜在的生产力，技术发明才是现实的生产力。只有将科学发现与技术发明相结合，才能将潜在的生产力变成现实的生产力。蒸汽机是将蒸汽的能量转换为机械功的动力机械。蒸汽机的发明和使用，开启了一场剧烈的工业技术革命与社会文化变革。

在人类漫长的历史进程中，已经历了史前新石器时代革命、青铜时代革命和工业革命。17 世纪上半叶，法国工程师巴本在使用蒸汽动力技术实用方面迈出了一大步，之后英国工程师萨弗里发明了带活塞的蒸汽泵。蒸汽泵是第一台投入使用的蒸汽机，蒸汽机开始替代当时传统的需要动用大量的人力和畜力提水机械来排水。在 1764 年到 1790 年间，英国著名的发明家瓦特完成了对蒸汽机的整套发明过程，并与著名制造商马修·博尔顿合作，于 1776 年制造出第一台有实用价值的蒸汽机。以后又经过一系列重大改进，蒸汽机成为“万能的原动机”，在工业上得到了广泛应用。它开辟了人类利用能源的新时代，使人类进入“蒸汽时代”，开始了第三次伟大的技术革命，即工业革命，从而奠定了当今的工业文明。

目前部分蒸汽机正在退出工业技术的历史舞台，早年的蒸汽机火车头已经成为博物馆的收藏珍品。但从历史的观点来看，蒸汽机功不可没，蒸汽机使人类摆脱了以人力和畜力为主要动力的时代。正是在蒸汽机不断改进和完善的基础上，热力学才得以建立，当然反过来热力学的发展又促进了蒸汽机和其他热机技术的发展。

7.1.1　热机

热机是把热转化为功的机械。下面以活塞式蒸汽机为例，介绍一般热机的工作原理及流程。

如图 7-1 所示为一简单的活塞式蒸汽机的流程图。高压锅炉 A 中的水受到高温热源加热后，吸收热量 Q_1 变为温度比较高的高压饱和蒸汽，高压饱和蒸汽输送进入过热器 B 中继续加热，变为温度更高压强更大的高温高压的非饱和的干蒸汽，然后干蒸汽进入汽缸 C 中绝热膨胀，推动活塞运动对外做功 W，从 C 中流出来的低压蒸汽进入冷凝器 D 后，向低温热源放出热量 Q_2 而又冷凝成水，冷凝水重新进入锅炉加热，如此周而复始地循环下去。

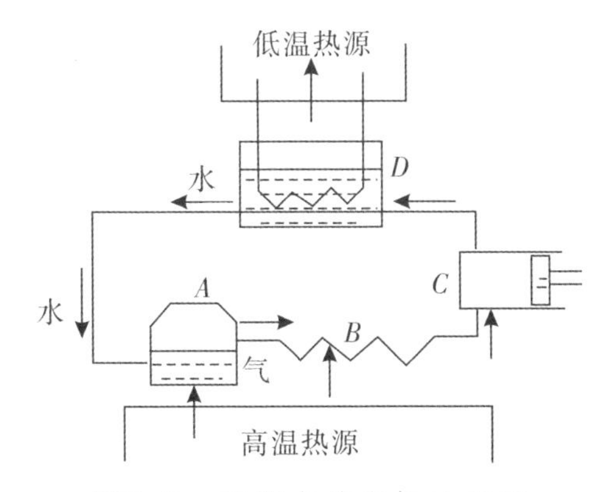

图7-1　活塞式蒸汽机流程图

工作物质进行一系列的循环过程，每一次循环都把高温热源吸收的热量中的一部分用于气缸对外做机械功，而其余的能量则以热量方式向低温热源释放。工作物质每经过一次循环后都要回到原来的状态。水作为工作物质从高温热源吸热，同

时也向低温热源放出部分热，余下能量在汽缸中对外做了机械功。所以，一台热机至少应包括如下三个组成部分：①有循环工作物质；②两个以上的温度不相同的热源，便于工作物质从高温热源吸收热量，向低温热源放出热量；③有对外做功的机械装置。

7.1.2　热机循环

循环过程是指系统（即工作物质）从初态出发经历一系列的中间状态最后回到原来状态的过程。如图7-2 所示，是理想气体任意一个准静态的循环过程，在 $A \to B$ 过程中温度升高，内能增加，对外做功，因而是吸收热量的。但系统经状态 B 以后，最终总要回到 A 点，为了回到原状态，原来升高的温度要降低（因而内能要减少），原来增加的体积要减少（因而外界要对系统做功），由热力学第一定律可知，它必然要放出热量。所以任何热机不可能仅吸收热量而不放出热量，也不可能只与一个热源相接触。从图可知，$A \to B \to C$ 过程中系统对外做功，而 $C \to D \to A$ 过程中外界对系统做功。故循环过程的净功就是 p-V 图象上循环曲线所围的面积。对于 p-V 图象上顺时针变化的循环，系统从较高温度的热源吸收热量，向较低温度热

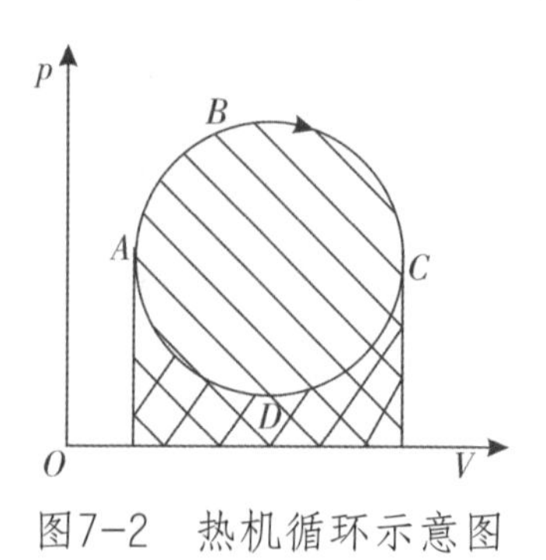

图7-2　热机循环示意图

源放出热量，对外做出的净功，这就是热机在工作。而逆时针变化的循环是系统从温度较低的热源吸收热量，向温度较高热源放出热量，在整个循环中外界对系统做了净功，这是制冷或热泵。

由循环过程的特点可知，在循环过程中，由于工作物质要向低温热源放出一部分热量，因此，工作物质从高温热源吸收热量所增加的内能不能全部转化为对外做的有用功。

7.1.3 热机效率

既然热机不可能把从高温热源吸收的热量全部转化为功，人们就必然关心燃料燃烧所产生的热量中或热机从高温热源吸收的热量中，有多少能量转化为功的问题。蒸汽机工作的主要过程概括了一切热机的主要特征。剖析之可以看出，正因为热机不可能把从高温热源吸的热 Q_1 全部转化为功 W，就必然要研究它从高温热源吸收的热 Q_1 中，有多少能转化为功 W 的问题。如此，定义热机效率为：

$$\eta = \frac{W}{Q_1}$$

要提高热机的工作效率，务必要减小分母 Q_1，增大分子 W，或在分母一定的情况下，尽量增大分子，使分子的大小趋近于分母，这是多么美好的愿望。然而这终究只是一种美好的愿望。

热机能否从单一热源中吸收热量全部用来做功？高效率能否实现，若能实现则如何实现？效率是否有最高限？……众多的问题期望着答案，如果没有理论指导肯定是不行的。

根据热力学第一定律，有 $Q_1 - Q_2 = W$，故有

$$\eta = 1 - \frac{Q_2}{Q_1}$$

正如没有水位的落差，水力就无法用来提供动力一样，法国工程师卡诺敏锐地抓住了解决热机工作效率问题的关键。卡诺注意到在热机工作时，做功不仅以消耗热量为代价，也与热量从热的物体向冷的物体传递有关。因为仅仅只有热的物体（热的高温热源）而没有冷的物体（冷的低温热源），热量就不能被利用，单独由热的物体（如锅炉）提供热仍不足以提供推动力，必须还要有冷的物体（如冷凝器）。没有冷的物体，热将是无用的。因此，一个蒸汽机所产生的机械功，在原则上有赖于锅炉和冷凝器之间的温度差，热机不能从单一热源中吸收热量全部用来做功。卡诺抓住矛盾的主要方面，对错综复杂的客观热机采用简化、科学抽象的处理方法，建立一个“卡诺热机”的理想模型。卡诺设想在整个循环过程中，仅与温度为 T_1、T_2 的两个热源接触，整个循环由两个可逆的等温过程及两个可逆绝热过程组成（图 7-3）。他通过研究，于 1824 年发表了至关重要的卡诺定理：所有工作于同温热源（恒温热源）与同温冷源（恒温冷源）之间的热机，以可逆热机的效率最大，且可逆热机的工作效率正比于高低温热源的温度差。卡

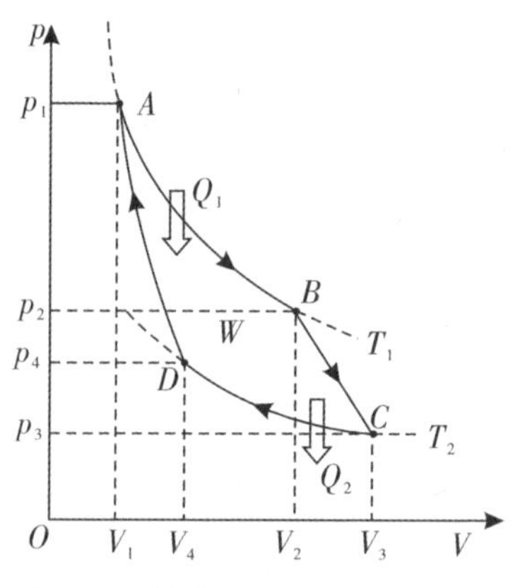

图7-3　热机循环过程示意图

诺定理为热机理论和应用提供了一个可以借鉴的最大热机效率极限，原则上指出了提高热机效率的正确途径：提高高低温热源的温度差，并使工作过程尽可能地接近可逆热机。卡诺的发现为热力学第一定律的建立奠定了基石。

7.1.4　永动机

能量的转化与守恒定律无疑是19世纪最伟大的发现之一，它不仅适用于无机界，也适用于生命过程，是自然界中最为普遍的规律。但在能量转化与守恒发现之前，曾经不少人试图制造不需要任何动力和燃料，却能源源不断地对外做功的“永动机”。

永动机的幻想，在当时曾掀起了一股狂热的追求潮流，梦幻般的构想令多少人沉醉当中而不能自拔。早在1775年之前，法国科学院还不定期刊载有关永动机的文章，对这项发明创造热潮起到了推波助澜的作用；英国的第一个永动机专利是在1635年申请登记的，英国专利局在1617年到1903年之间，收到的永动机专利申请就高达约600项，永动机专利申请平均每两年就有1项。许多人热衷于此并为之奋斗，已达到了不惜用尽非常人之智和耗尽洪荒之力的地步，杠杆平衡原理、阿基米德原理、毛细现象、重力的作用、同性磁极之间排斥、螺旋汲水器等，只要能想到的统统都搬了出来尝试，像文艺复兴时期意大利的达·芬奇、意大利的机械师斯特尔等一批知名人士也投入其中。一张张漂亮的构想的图纸，一架架看似无懈可击的永动机模型，无不牵动着无数人的心。然而，事与愿违，发明制造永动机的构想，注定是一场梦幻般的空想与自恋，各种各样的永动机的设计尽管美轮美奂，但在实践中无不

以失败告终。

方向决定成败，思路决定出路。方向错了再努力，也注定是南辕北辙，一切努力注定是付之东流。永动机构想的无数次失败，使那些潜心于永动机发明与创造的人头脑开始逐渐冷静下来，他们开始反思而不再盲目行动。他们思索、寻找失败的原因所在，并从长期积累的生活经验和社会实践中，逐渐意识到制造永动机的企图根本没有成功的可能。荷兰数学家、工程师斯蒂文于1568年写了一本《静力学原理》的专著，其中讨论斜面上的力的分解问题时，明确地提出了永动机不可能实现的观点。他所用的插图画在该书扉页上，如图7–4所示，14个等重的小球均匀地用线穿起，组成首尾相连的球链放在斜面上。他认为链的运动没有尽头是荒谬的，所以两侧应平衡。法国科学院于1775年郑重通过了一项决议，宣布“本科学院以后不再

DE
BEGHINSELEN
DER WEEGHCONST
BESCHREVEN DVER
SIMON STEVIN
van Brugghe.

TOT LEYDEN,
Inde Druckerye van Christoffel Plantijn,
By Françoys van Raphelinghen.
cIↄ. Iↄ. LXXXVI.

图7–4 《静力学原理》

受理有关永动机的发明的审查”。然而，即使在法国科学院如此明确的警告之下，发明制造永动机构想的各种尝试仍然在一段较长时间未见收敛。1861 年，英国有一位工程师德尔克斯收集了大量资料，写成一本《17、18 世纪的永动机》的专著，告诫人们：“切勿妄想从永恒运动的赐予中获取名声和好运。”可是，德尔克斯这部“警世恒言”却未能阻止永动机的继续泛滥。为了阻止这种泛滥，1917 年美国商务部专利与商标局有一项禁令，不可以授予永动机类申请以专利证书。

永动机几百年的盲目推进以不可能而终结，科学家逐渐意识到摩擦处处存在，意识到能量的转化和能量的耗损，反过来推进着对客观世界的认识，推动着科学向前发展，为能量的转化与守恒定律的发现提供了相应的思想准备。永动机的不可能实现，实质上是用否定的形式提出了能量转化和守恒的基本思想。19 世纪能量守恒原理的最终建立，对于不可能制造永动机给予了科学上的最后判决，使人们专注于研究各种能量形式相互转化的具体条件，以更高效地利用自然界提供的多种多样的能源。

能量居于经典力学中的核心位置，是物理学中极少数的关键概念之一，也是物理学中起引领作用的大概念。蒸汽机是热能转化为机械能的典型例子，除此之外，还有机械能、化学能、电磁能、辐射能、核能等各种能量之间相互转化陆续被发现。

在 18 世纪中叶之前，人们往往把热与温度两个概念混为一谈，如将物体的冷热程度称之为温度。根据物体混合时热量交换的现象，提出了热量守恒定律，即物体在混合时，热不能创造，也不能消灭，并发现了热量守恒的规律。关于热的本质是什么，在历史上存在着“热是物质”与“热来源于运动”两种不同观点之争，即热质说与热动说之争。

众所周知，摩擦生热，因此在17世纪笛卡尔、玻意耳、胡克和牛顿都把热看成是运动的一种形式，但当时支撑这个观点的实验证据较少，以至于到了18世纪最终被放弃。因为在热量交换过程中，热量是守恒的，科学家们很容易联想到质量守恒定律，自然想到了热是某种物质，因而热质说被提出。因热质说能很好地解释热传导、热膨胀的一些实验结果，这使得热质说占了上风，热动说被抛弃，因此当时大多数物理学家都相信热质说。然而热质说毕竟似是而非，直到18世纪末到19世纪中叶，德国医生迈尔发现热与机械能可以转换，焦耳发现了热功当量的精确值，从而从实验上彻底地推翻热质说。热量不是传递着的热质，而是传递着的能量，科学家对热质说提出了明确的否决，热学逐渐地成为一门严密的理论体系，即能量转化与守恒定律和热力学第一定律。

7.2 “麦克斯韦妖”提出的背景

7.2.1 克劳修斯和开尔文勋爵先后提出了热力学第二定律的两种典型表述

毋庸置疑，正是永动机不可能实现的确认和各种物理现象之间的普遍联系的发现——力学方面发现机械能守恒定律，化学与生物方面发现燃烧和动物呼吸所放出的热量与放出的二氧化碳之比近似相等，电磁学方面发现了自然力的统一和转化等，为能量转化和守恒定律的发现做出了充分的准备，并最终导致了能量守恒定律的最后确立。

由于自然界还存在热量传递的不可逆性（即热量总是自发地从高温热源流向低温热源，而不能自发地从低温热源流向高温热源）这一普遍现象，虽然我们可借助制冷机实现热量从低温热源流向高温热源，但这需要外界对制冷机做功（这部分功最后还是转变为热量向高温热源释放了）。在制冷机运行过程中，除了热量从低温热源流向高温热源之外，还产生了将功转化为热的“其他影响”。为此，克劳修斯于 1850 年将这一规律总结为“不可能把热量从低温物体传到高温物体而不引起其他影响”，也可表述为“热量不能自发地从低温物体传到高温物体”。这就是热力学第二定律的克劳修斯表述。

大量事实均表明，一切热机不可能把从单一热源中吸收的热量全部转化为功，虽然功能自发无条件地全部转化为热，但热转化为功是有条件的，而且转化效率有所限制，也就是说自发转化为热这一过程只能单向进行而不可逆转，因而是不可逆的。1851 年开尔文勋爵把这一普遍规律总结为“不可能从单一热源中吸收热量，使之完全变为有用功而不产生其他影响”。这就是热力学第二定律的开尔文表述。

热力学第二定律的克劳修斯与开尔文表述分别揭示了热传递及功转变为热的不可逆性。它们是两类不同现象，它们的表述很不相同，但这两种表述是等价的。热力学第二定律的基本内容指出了凡是与热现象有关的实际宏观过程都是不可逆的。

7.2.2　恐怖的宇宙热寂说

热力学第一定律和热力学第二定律一起构成热力学的理论基础，使热力学建立了完备的理论架构，成为物理学的重要组成部分。在 1852 年和 1865 年，开尔文勋爵和克劳修斯分别把热力学第二定律推广到宇宙，提出了热寂思想和热寂说，得出“在自然界中，占统治地位的趋向是能量转变为热而使温度趋

于平衡，最终导致所有物体的工作能力减小到零，达到热死状态”。这就是所谓的热寂说，也就是说随着宇宙中的有用能量不断被消耗掉，混乱程度变得越来越大，熵将会不可逆转地增加，直到最终有用能量耗尽，混乱程度达到最大，熵增加到最大，宇宙处于热力学平衡的状态。这就意味着宇宙将会有一个注定的大结局——热寂，待到那时，所有天体变成了黑洞，黑洞最终又会全部蒸发掉，宇宙达到了完全的热平衡，任何生机都会从宇宙中消失，宇宙会变得一片死寂。

爱因斯坦将热力学第二定律称之为“熵增定律”，爱因斯坦认为“熵增定律”是科学定律之最，在所有科学定律中这个定律是最重要的。也有科学家认为“熵增定律”是最让人感到害怕的物理定律，因为这个定律说出了宇宙的结局，科学家甚至表示宁愿没有发现它。

7.2.3　分子动理论和热力学架构的建立，都受到经典力学的巨大影响

1857 年，克劳修斯发表了论文《论热运动的类型》一文，他唤醒了科学家的热情，他们纷纷试图从力学角度来推导业已形成的作为气体热性质理论的热力学定律。1866 年玻尔兹曼尝试从力学来证明热力学第二定律，玻尔兹曼这一工作证明了熵的存在，但在理论上是极不完善的，主要表现在他把热力学第二定律当作力学范围内的问题来处理。当时人们的思想还受到经典力学的巨大影响，对于热运动与机械运动之间的差别尚无明确的

图7–5　麦克斯韦

认识。由于热寂说的出现，人们在考虑是否有什么办法逃避热寂，宏观过程的不可逆性是物理学的基本规律还是因为我们经验的局限性而得出的局部定律。在这一历史和认知的背景下，麦克斯韦于 1871 年提出了所谓“麦克斯韦妖”的想象实验。

7.3 麦克斯韦的思想实验——“麦克斯韦妖”

7.3.1 热力学系统：孤立系统和封闭系统

由于分子是看不见摸不着的，再加上气体和液体具有流动性，为了研究热力学现象，往往会取一个系统作为研究对象。包围系统的外界可抽象为环境，环境与系统之间可能有机械相互作用、热相互作用或质量相互作用等。根据系统与外界的作用不同，热力学系统分为孤立系统和封闭系统，如图 7-6所示。一个绝热的密封盒子就是一个孤立系统，孤立系统是与外界无任何作用的热力学系统。孤立系统与封闭系统的最大差异就在于孤立系统有一个绝热壁，隔断了系统与外界的任何相互联系，即孤立系统既不从外界吸收热量，也不向外界放出热量，与外部环境无相互作用。而在许多实际问题中，需要考虑的往往是为一个恒温热库所包围的并与之有热交换的封闭系统，日常生活所见的大都属于这类，如：一块冰在空气中逐渐溶解，冰与空气

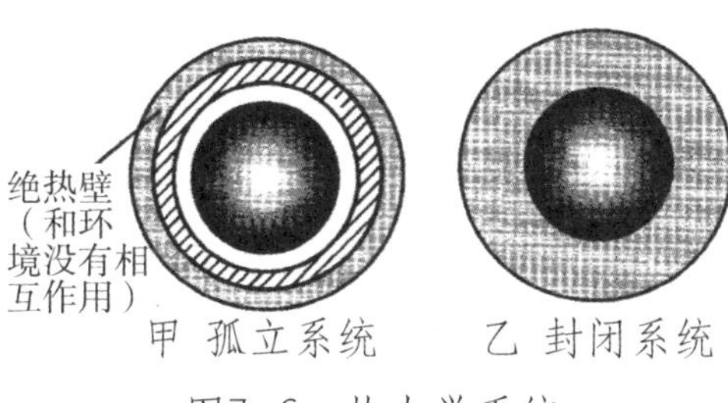

图7-6 热力学系统

有热交换；红墨水在水中扩散，红墨水和水彼此进入对方，红墨水与水之间有物质交换；自行车打气时，轮胎、打气筒与环境有物质交换，打好气后的轮胎又慢慢地漏气等等。

7.3.2 “麦克斯韦妖”

由热力学第二定律可知，如果一个封闭系统既不允许体积变化，又不允许热量流通，而且其中温度和压强处处相等，那么在不消耗功的情况下产生出任何温度或压强的不均都是不可能的。

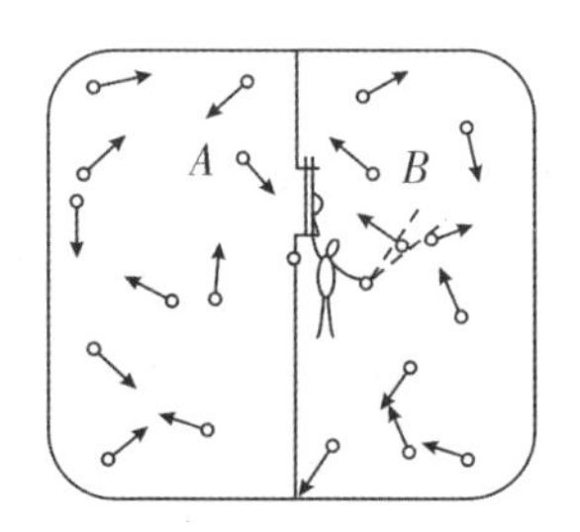

图7–7　“麦克斯伟妖”实验示意图

但英国物理学家麦克斯韦曾先后在 1867 年的演讲和 1871 年出版的著作《热理论》中，都提到一个思想实验：如图 7–7，一个绝热的盒子里面只有空气，中间被一道绝热的厚隔板隔成 A 与 B 两部分，隔板上有一个小洞，小洞上还有一扇闸门可以由小精灵控制打开或关闭闸门。刚开始时，洞两侧的空气分子温度均为 T、压强也相同，因此系统处于平衡状态，此时系统的熵值为最大。我们知道，任一部分中的气体分子均以“在一定范围内且完全不一致”的速度移动，即既有速度快的分子，也有速度慢的分子。假设存在这样一个小精灵“分子分拣员”（后来人们称之为“麦克斯韦妖”），它能分辨所有空气分子的运动轨迹和分辨所有空气分子的运动速度，能自由打开或关闭洞口的闸门，并注视着左边过来的分子，无论何时只要看到速度很快的分子过来就把闸门打开，看到速度很慢的分子过来就将闸门关闭。如果我们要求小精灵的脑后也长着眼睛，能注视右边过来的分子，并且要求它能对右边的分子做刚好相反的事情，即看到速度很慢的分子过来就将闸门打开，看到速度很快的分子过来就将闸门关闭。这个小精灵就能让慢的空气分子全部跑到左边，而让快的空气分子全部跑到右边，这样左边的空气分子温度降得越来越低，右边的空气分子温度升得越来越高，这时隔板两侧就建立了温度差和压强差。设想闸门是完全没有摩擦的，于是这个小精灵无须做任何功就能使左边的空气分子温度降低而变冷，右边的空气分子温度升高而变热，从而使左边空气分子的温度低于 T，而右边空气分子的温度高于 T，这样一来空气分子依照速度快慢被分配到不同的两侧，因此盒内整体的熵降低了。若利用一热机工作于 A、B 之间，就可制成一部第二类永动机，而这一结果与热力学第二定律相矛盾。

7.3.3 为什么总有人对“麦克斯韦妖”感兴趣

其实麦克斯韦的初衷是阐释热力学第二定律是建立在统计力学之上的，它因大量分子——“大量物质”的运动状态而诞生。“麦克斯韦妖”之所以能做到如此程度，只因它能“观察并且处理单个分子”。所以对于麦克斯韦来说，他并没有让“麦克斯韦妖”向热力学第二定律发起特别的挑战。但如果“麦克斯韦妖”真的存在，那么它可被用于一台热机，且无须消耗任何能量，“麦克斯韦妖”能打破两部分平衡状态的能力可以使得一台永动机随之诞生。

7.3.4 第二类永动机真的不可能吗

如果“麦克斯韦妖”是切实存在或确实可行的，它就能在一个封闭的系统中随意减少熵，进而使 A 与 B 两部分的温度不同，由此产生出能量，若利用一热机工作于 A、B 之间，就可制成一部第二类永动机。如图 7-8 甲所示，热量 Q 自动地由 A 传给 B，热机又从 B 吸收热量 Q_1，对外做功 $W=Q_1-Q$，同时向 A 放出热量 Q。这相当于图乙所示，热机从 B 吸收热量 Q_1-Q，并全部用来对外做功而不产生其他影响，它是一个第二类永动机。而这一结果与热力学第二定律相矛盾。另外，如果“麦克斯韦妖”通过控制闸门，造成 A、B 两侧压强差，则可直接用于推动气缸里的活塞而对外做功，这是更直接、更有吸引力的设想。正因为如此，相当长的时期内，一些杰出的物理学家认为“麦克斯韦妖”的设想不应当轻易放弃，这些物理学家认为，一个能够避免热力学第二定律束缚的实际体系，会成为有用的原动力，这样一个体系将具有远大于核动力的经济价值，而用于获得核动力的原子能发电站，在几十年以前还曾被认为是异想天开的事情。

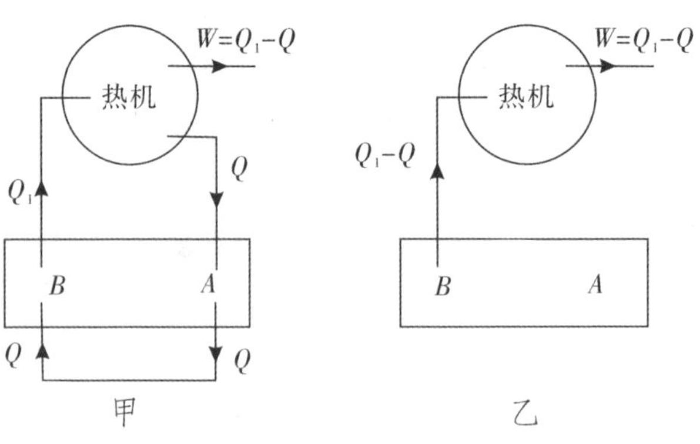

图7-8　热机做功示意图

7.4　“麦克斯韦妖”是否真的存在

“麦克斯韦妖”的内涵归纳起来其实就是一句话：麦克斯韦提出的是能探测并控制单分子运动的机制的假想。因为我们有了这样的小精灵，就会破坏热力学定律？看看物理大师是怎么否定的。

“麦克斯韦妖”提出后不久，开尔文勋爵率先做出评论说：“妖的含义，根据麦克斯韦对这个词的用法，是一个有理智的存在物。它具有自由意志和非常灵敏的触觉，以及感知的机构，使它能去观察和影响物质的各个分子的本领……‘麦克斯韦妖’与真实动物之间的差异，无非在于它是极其小和极灵敏的……”

在开尔文勋爵看来，这个“小妖”必须具有以下特性：不仅能看得见运动的分子，并且还能判断其运动速度。因此，“麦克斯韦妖”是才思敏捷具有智力的生命体，而且尺寸微小。首先“小妖”是一个生命体，分拣过程中必须消耗能量来确定哪个分子运动快、哪个分子运动慢。因此，利用生命体来充当热力学第二定律的破坏者是不可能实现的。匈牙利物理学家冯·劳厄也持有类似的观点。其次，由于“小妖”“尺寸微小”，那么“小妖”在系统中会做无规则的布朗运动，因而由它来观察和筛选分子会造成极大的统计误差，以至于不可能按运动速度完成筛选分子的任务。因此利用“尺寸微小”的“小妖”来充当热力学第二定律的破坏者也是不可能实现的。再次，考察“小妖”“智力”这一性质，小妖想要能够“看”到分子的运动，需要从分子上反射回来的光线被“小妖”接受，“小妖”才能产生视觉，才能做出相应的分拣判断，这一过程

中“小妖”是需要消耗能量的，利用“智力”的小妖来充当热力学第二定律的破坏者仍是不可能实现的。

诺贝尔物理学奖获得者费曼认为这样的小精灵是不存在的，他这样解释：如果我们能制造出一个有限大小的小精灵，它自己就会变得非常热，使得过了一会儿以后，它就不能很好地看清楚东西。举个例子来说，一个可能是最简单的小精灵可以是一扇用一根弹簧扣住的遮住小孔的活动门。一个快速分子可以通过，因为它能推开活动门，慢的分子不能通过而被弹回。但是这个装置不是别的什么，不过是我们的棘轮和掣爪在另一种形式下的体现罢了，而这个装置会发热。如果小精灵的比热不是无限大，它一定会发热，它只有有限数目的内部轴承和转轮，所以不能清除由于观察分子而获得的额外热量，不久，它就会由于布朗运动而摇动得特别厉害，以致再也不能说出它自己是来不是去，更不用说分子是来还是去了，所以它不会起作用。

1961 年，物理学家罗尔夫·兰道尔首次提出的兰道尔原理，即计算机在删除信息的过程中要消耗能量，这一原理为现代计算物理学奠定了基础。每当“麦克斯韦妖”收集某个运动分子的信息以决定是否让它通过时，都不得不清除关于上一个运动分子的信息，以便给评估下一个运动分子腾出空间，而这一过程自然要做功。关于这一点，存在一个真实的例子：2015年，芬兰阿尔托大学的物理学家约恩内·科斯基与他的同事共同做出了一个类“麦克斯韦妖”电路，其可以通过释放电子从周围的环境中“窃取”热量实现冷却作用。但由于“麦克斯韦妖”不得不清除掉已观察到的每个电子的信息，以便给评估下一个电子腾出空间，因此在工作过程中会一直发热。科斯基观察到：“麦克斯韦妖”升温的速度，要比系统冷却的速度快得多。

《思想实验：当哲学遇见科学》的作者，英国的乔尔·利维认为，“麦克斯韦妖”的最大缺陷在于，它以及它的“闸门机制”一起，其实增加了整个系统的熵。因为它们正在工作，所以必须被划为系统的组成部分。而“麦克斯韦妖”的还原图也含蓄地暗示了此观点。因此，整个系统里不仅有盒子、隔板和空气，而且包含“麦克斯韦妖”本身，它在做的工作，远比挑选粒子多得多。

各位大师的讨论中，都忽略了一点，由于“麦克斯韦妖”是生命体，与热现象有关，凡是与热现象有关的过程都是不可逆的。由于关闭的闸门在打开前是静止的，打开的闸门在关闭前也是静止的，闸门打开时先加速再减速的过程或闸门关闭时先加速再减速的过程，即使“麦克斯韦妖”做的总功都为零，但闸门在整个打开过程或关闭过程中，“麦克斯韦妖”依然要消耗能量。因此，对于整个系统而言，在工作过程中，能量并没有“净收益”。

其实，麦克斯韦提出“小精灵”的本意并不在于推翻热力学第二定律，而在于指出它有局限性，并用一个假想实验来阐明它只具有统计上的可靠性。至于是否存在着其他机制可以扮演“小精灵”的角色，目前尚没有科学定律说这是不可能的。

7.5 热寂说的终结

宇宙热寂的结论固然令人绝望而恐怖不安，但曾经令人困惑的是，为什么现实的宇宙已经历这么长的时间，但没有达到热寂状态。长期以来人们认为宇宙基本上是静态，它在时间上无始无终，似乎它早就该处于热寂状态了。由于热寂说在感情

上和理智上都给人以强烈的冲击，克劳修斯的观点受到同时代人的强烈反对，但反对意见多数被克劳修斯所驳倒。

7.5.1 当时有三个质疑批判热寂说的观点对后世影响较大

一是1872年玻耳兹曼提出涨落说。我们知道，是他首先用统计解释熵增原理的。按照他的解释，热平衡态总伴随着涨落现象，是不遵从热力学第二定律的。玻耳兹曼认为，在宇宙的某些局部可以偶然地出现巨大的涨落，在那里熵没有增加，甚至在减少。这种说法有一定的吸引力，但尚缺乏事实根据。

二是转化与集结。恩格斯在《自然辩证法》中写道："运动的不灭不能仅仅从数量上去把握，而且还必须从质量上去理解。"根据这一原则，他有如下的信念："放射到太空中去的热一定有可能通过某种途径转变为另一种运动形式，在这种运动形式中，它能够重新集结和活动起来。"现代天文观察已发现不少新的恒星重新在集结形成之中。康德在《宇宙发展史概论》中指出："自然界既然能够从混沌变为秩序井然、系统整齐，那么在它由于各种运动衰减而重新陷入混沌之后，难道我们没有理由相信，自然界会从这个新的混沌中把从前的结合更新一番吗？"控制论创立者维纳认为"当宇宙一部分趋于寂灭时，却存在着同宇宙的一般发展方向相反的局部小岛，这些小岛存在着组织增加的有限度的趋势。正是在这些小岛上，生命找到了安身之处"。控制论这门新科学就是以这个观点为核心发展起来的。另外，耗散结构的发现也为热寂说的批判增加了新的论据。

三是认为宇宙无始无终，是开放的而不是封闭的，因而不能将热力学第二定律当作"放之四海皆准"的真理，无节制地推广到整个宇宙。

7.5.2 宇宙绝不会走向热死

所有上述批判热寂说的论点都说明了宇宙中还有局部的从分散到集中的趋向，即宇宙中均匀物质凝成团块（星系、恒星等）的过程。但这种趋向存在的必然性却缺乏理论证明，因而多年来人们总感到批判力不强。而解决这个问题的关键有两点：一是宇宙在膨胀，二是宇宙引力系统乃是一个具有负热容的不稳定系统。

由于宇宙在膨胀，中性原子复合前由带电粒子组成的物质与辐射耦合在一起，发展到物质与辐射脱耦而分道扬镳，从热力学平衡态发展到不平衡态，从温度均匀到产生温差，不稳定性使密度均匀的宇宙凝聚成团块结构而重新形成各种天体。苏联著名的理论天体物理学家泽尔多维奇从理论上说明天体形成是引力系统的自发过程，不仅它的熵要增加，而且不存在恒定不变的平衡态，即使系统达到了平衡态，由于不满足稳定性条件，若稍有扰动，它就会向偏离平衡态的方向逐步发展又变为非平衡态，不会出现整个宇宙的平衡态，则熵没有恒定不变的极大值，熵的变化是没有止境的。

在宇宙中，万有引力主导这个世界。引力系统的特点是不稳定性，某处因涨落密度稍有增加，那里就会对周围物质产生较强的吸引力，吸引力更多的物质靠拢聚集在一起，使局部的密度再进一步增大。于是在本来均匀的宇宙中逐渐聚结出一些尺度不同的团块，形成星系、星系团、超星系等各种天体。具有负热容的系统是不稳定的，它没有平衡态，不能把通常的热力学第二定律用于其中。这就是说，天体的形成是引力系统中

的自发过程，它的熵是增加的。由于不存在平衡态，熵没有极大值，它的增加是没有止境的。

总之，膨胀的宇宙和负热容的引力系统以出乎前人意料的方式涣然冰释了热寂的疑团，展现了一幅全新的情景：宇宙早期是处于热平衡的至密高温高能“量子泡沫”或“原始羹汤”，从这一单调的混沌状态开始，在膨胀的过程中逐渐地演变出愈来愈复杂的多样化结构。于是，在微观世界里形成了夸克、原子核、原子、分子（从较简单的无机分子到高级的生物大分子），在宏观世界里演化出恒星、卫星、太阳系、银河系、星系团、星系等等，地球逐渐演化为一个宜居星球，通过进化出现了生命、生物、智慧动物乃至具有强烈求知欲望的人类，直至不断发展的人类思维智慧和愈来愈发达的人类社会。宇宙世界的演变如同古埃及神话中的不死神鸟，凤凰焚身于烈火之中，浴火燃烧，向死而生，在烈火中燃烧后重生重现，并得到永生，正是当代波澜壮阔的宇宙一幅无与伦比的精彩写照。宇宙绝不会走向热死，反而经早期的热寂状态（热平衡态）磨难洗礼后，获得了重生般的生机勃勃。至此，折磨物理学界、科学界乃至哲学界百年之久的热寂说梦魇，作为历史的插曲，可以一带而过。

7.6　回不到的过去，但世界未来更美好

热力学第一定律是能量守恒定律在涉及热现象宏观过程中的具体表现形式。$\Delta U = Q + W$ 是热力学第一定律的数学表达式，它表达了某个热力学系统内能增量 ΔU、系统吸收的热量 Q 和外界对系统做的功 W 三者的定量关系，即系统由某一状

态经过任意过程到达另一状态时，系统内能的增量等于在这个过程中外界对系统所做的功和系统所吸收的热量的总和，讨论的是研究对象内能的变化情况和影响系统内能变化的两个因素，即外界与系统间的“功”和“热”的交换关系，适用于自然界中在两个态间发生的任何过程。在绝热状态下，系统对外界做功，系统的内能必定减少，系统对外所做的功是以牺牲系统内能为代价，而对外做功所需的能量绝不会无中生有地创造出来。若想使系统源源不断地对外界做功，就必须使系统能够回到初始状态，以便在循环过程中周而复始地对外做功，也就是说系统和外界没有温度差，但这样就必有 $W=0$，这表明：在无外界能源供给的情况下，要使系统不断对外做功是不可能的。因此，热力学第一定律的确立，对制造第一类永动机的不可能实现给予了科学上的最后判决。根据热力学第一定律，做功和热传递改变物体的内能是等效，如在等温状态下，做功可以全部转化为热，从单一热源中吸收热也可全部为功。但开尔文勋爵发现功和热并不是完全对等，因为功可以完全转变为热而不需要任何条件，而热产生功必将伴随有热向冷的耗散，正是基于解决这个问题，热力学第二定律被提出。热力学第二定律是关于实际不可逆过程进行方向的高度概括，是人们对自然宏观过程能量转化不可逆的深刻认识。

自然界中一切与热现象有关的宏观过程都是不可逆的，无法回到从前，也不可能回到从前。这是因为从有序排列到无序排列的变化是一切不可逆的根源。现在天体物理学家普遍接受了宇宙诞生于大爆炸的观点，在宇宙开端，高温高压，能量密度高到令人难以想象。从大爆炸到宇宙重组，再到宇宙膨胀的过程中，热量总是伴随着能量从一种形式转化为另一种形式的过程变迁，

在这个变迁过程中，只要有可能，热量就将由高温高压处向低温低压处自发地散播出去。热力学第二定律回答了能量怎么散播出去的，即能量趋于从一个积聚处向外扩散或分布，这个过程不能反过来，因为“麦克斯韦妖”根本不可能存在。就如同在炉子上被烧得红热的铁锅与四周的空气分子作用，引起空气分子运动加剧，然后热空气分子被“踢”向远方，向外扩散，过了一会，热能就会扩散到整个房间，关闭炉火后，这些被“踢”出去的热空气分子，无法也不可能再自发地将能量聚积到铁锅上，因此，烧红的铁锅只能逐渐冷却下来。

物理学上的孤立系统只是一个理想化的模型，将无边无际、尺寸巨大的整个宇宙当作一个孤立系统，是不恰当的。非平衡态的自发过程总是由有序趋向无序，但对整个宇宙来说，既存在着从有序向无序转化的过程，即熵增过程，也存在着无序向有序转化的过程，即熵减过程。此外，考虑到宇宙的膨胀及引力效应，宇宙“热寂”也是不可能实现的。

世界上不存在真实的“麦克斯韦妖”，时间无法逆转，我们都无法回到过去。虽然“热寂说”中的“世界末日”不可能来临，但人与自然相处，不能为所欲为。历史的车轮滚滚向前，只要人类尊重客观规律，按照自然法则办事，贯彻创新、协调、绿色、开放、共享的新发展理念，做到协调发展、和谐发展、科学发展，世界未来必将更加美好。

8 爱因斯坦与玻尔至死未忘的争论

——波粒二难悖论

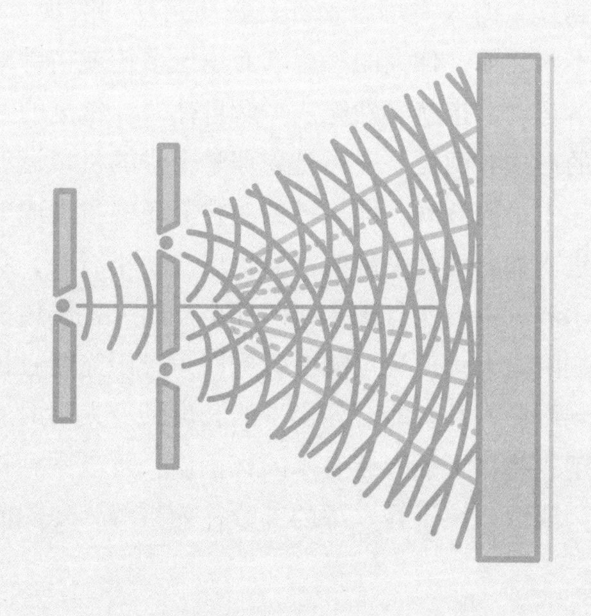

玻恩的概率解释、海森伯的不确定性原理和玻尔的互补原理共同构成了量子论“哥本哈根解释”的核心，前两者摧毁了经典世界的严格因果性，互补原理和不确定性原理摧毁了世界的绝对客观性。以爱因斯坦为代表的经典学派无法接受物理世界没有严格的因果性和客观性，他们认为“哥本哈根解释”“不一定是错误的，但一定是不完备的”，有必要找出问题出在哪，用一个更好的理论替代它，把物理学拉回到正常、可理解的状态中来。这成为爱因斯坦与玻尔至死未忘的争论。为了了解爱因斯坦与玻尔至死未忘的争论，还得从光的微粒说与波动说之争说起。

8.1　光的微粒说与波动说之争

运动在自然界中无处不在，整个宇宙就是由运动着的物质组成的，宇宙间所发生的一切变化和过程，从简单的位置变动到复杂的人类思维，都是物质运动的表现。因此，早在2000多年之前，伟大的思想家亚里士多德就精辟地指出“如果不了解运动，也就必然无法了解自然”。常见的物质运动中较简单的形式有两类，一类是物理学上讲的机械运动，另一类是物理学上讲的波动，即机械振动在介质中行进或电磁波在宇宙中行进。如向池塘平静的水面扔进一块小石头，我们会看见一系列水波纹由石头打破水面的那个点向外扩展传播；在深山里或在剧院里大声说话可能会听到回声；阳光能直接照射的地方会看到阴影，并且能看到影子的长度随着太阳的运动而在地面上移动；将筷子插入装有水的杯子中，可以看到筷子在入水处折断为两截或筷子在水中的部分往内折等，一圈圈的水波、回声、物体的影子、筷子的偏折都是常见的物质运动现象。

欧洲文艺复兴之后，迎来了科学与技术迅速发展的时代，对光的本质的探索也出现了新的局面。历史上关于光的本质，到了17世纪形成了两种完全相悖的学说，即以牛顿为代表的微粒说和以惠更斯为代表的波动说。牛顿于1672年提出了光的微粒说，即光是发光体发出的高速运动的微细粒子流。同一时代，另一位著名学者、荷兰物理学家惠更斯于1678年在法国科学院讲演，公开反对光的微粒说，提出光的波动说，认为光是在“以太”介质中传播的一种波。

8.1.1 牛顿的微粒说

牛顿在《牛顿光学》一书中写道“光线是从发光物质发射出来的很小的物体吗？因为这样的物体会沿直线穿过均匀媒质而不会弯到阴影里去，这正是光线的束性。它们也能具有几种性质，并将在穿过不同媒质时保持它们的性质，这是光线的另一情况，透明的物质在一定距离上作用于光线而折射、反射和拐折光线，而光线又在一定距离上与这些物质的各部分互相激荡，而加热物质；而这种在一定距离上的作用和反作用很像物体之间的一种吸引力。如果折射是由光线的吸引所造成，那么，像我们在《哲学原理》中证明的那样，入射正弦与折射正弦必须成一给定的比率：这一准则是实验所证实了的。从玻璃中出来进入真空中的光线被折向玻璃；而如果光线过于倾斜地射到真空中去，它们就会折回到玻璃中去而发生全反射；这种反射不能归因于一种绝对真空的阻力，而必定由在光线从玻璃进入真空时玻璃对光线的吸引，并把它们拉回去的那种力量所引起……”牛顿为了解释光学现象，而假设所有的发光物都在

向外发射光的粒子，即光微粒，这正是基于人们早已习惯为了力学的解释而引入新概念的做法，更何况牛顿还是经典力学大师。后人将牛顿的这种学说归纳为光的微粒说。

光的微粒说能很好地解释光的直线行进、光的反射现象。光的传播是直线的，这是公理，也是最简单的光学论据之一。在两千多年前，中国古代学者墨子就发现了一个有趣的小孔成像光学现象，即光从窗户上的小孔射进来，会在对面的墙上形成外面景物的倒像，它的原理正是因为光是沿直线传播的。微粒在真空中必须以特定的速度直线行进，从而将发光体的信息带到我们的眼中。因为人们普遍认为微粒本身就具有直线运动特性，所以所有展现光的直线行进的现象都支持微粒说。该理论还可利用弹性小球与墙壁碰撞的实验，通过类比简洁地解释平面镜上光的反射现象（图 8-1）。

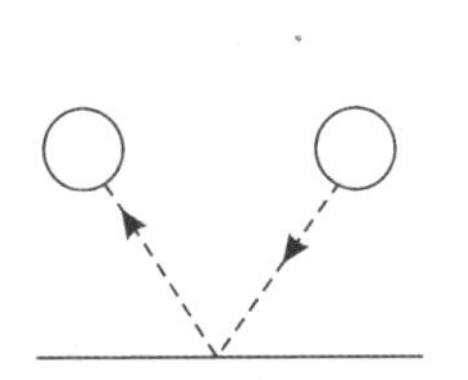

图8-1　弹性小球与墙壁碰撞示意图

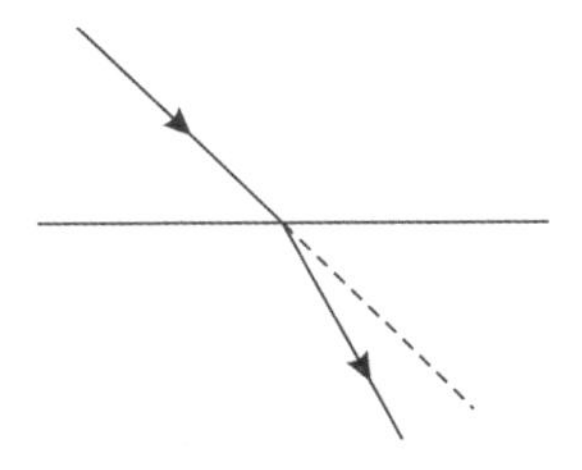

图8-2　光的折射

那么，牛顿是怎么用微粒说解释光的反射与折射的呢？让我们举一个光通过透明物体的例子：假设有一束光通过真空后落在玻璃片上。结果会怎样呢？如果直线运动的定律仍然是有效的，那么光束的路线就应像图 8-2 中的虚线那样。但实际上不是这样的，光束的路线像图 8-2 中的实线那样折转了，这种现象叫作折射。把一根棍子的一半浸在水里，看起来这根棍子的中间处像是折断了，这是大家都熟悉的现象，它便是许多折射现象中的一个例子。微粒说解释光的折射虽然比解释光的反射要困难一些，但依然能做出解释：我们知道，任何作用在运动粒子上的力都会改变它的速度，假设光微粒落在玻璃表面上，那么玻璃就可能给粒子施加引力作用，这个作用力垂直玻璃面向下，这样光束的新的行进路线将会在原来的路线与垂直线之间。牛顿的这种解释使光的微粒说取得了很大的成功。

8.1.2 惠更斯的波动说

虽然牛顿提出了光的微粒说，并用光的微粒说解释了光的反射、折射、全反射，解释了光的色散，解释了彩虹、肥皂薄膜上的颜色等自然现象，解释了光的偏振，但微粒说不能解释“为什么光是沿着精准的直线进行传播以及为什么从无数个不同方向而来的光线彼此相交相互之间却没有产生阻碍”，不能解释“为什么不能感受到以光速传播而引起的‘微粒风’”。因此，光的波动说的创立者惠更斯在《惠更斯光论》一书中写道：“……更进一步来说，如果我们注意到并权衡光在各个方向上传播时以及光从不同方向甚至反方向聚集时都是以极高的速度，而光线相互穿透并不会受到彼此间的阻碍，那么我们就能很好地理解，每当我们看到一个发光物体时，并不是由于从发光物体到我们的物质的传播，就像一个投掷物或是一支箭在空中飞行那样，因为这显然会与光的两个性质产生很大的矛盾，尤其是这样传播，光相互之间一定会发生阻碍，因此，光一定是以另一种方式传播的，恰好我们具备的声音在空气中传播的知识能帮助我们理解这种方式。”但惠更斯无法解释为什么会出现阴影这一自然现象，不能解释偏振现象。

8.1.3 微粒说与波动说争论长达两百多年之久

牛顿认为光的行进是物质微粒的迁移，而惠更斯认为光的行进不是物质微粒的迁移，而是传播光的媒质的迁移，即波动。牛顿创立微粒说，提出了用“相互作用”来解释光的行进；而惠更斯创立波动说，提出了用“惠更斯原理”来解释光波的传播。这样形成的牛顿的微粒说与惠更斯的波动说是两种完全相悖的学说。关于光究竟是粒子还是波，自17世纪以来，在以惠更斯《光论》为代表的波动说和以牛顿《光学》为代表的微粒说之间，展开了一场长达200余年之久的大争论。

8.2 在杨氏双缝干涉实验之前，微粒说占上风，而波动说被无情地抛弃

在杨氏双缝干涉实验之前，光的微粒说与波动说之争属第一次大争论。尽管惠更斯光的波动说比牛顿光的微粒说有着明显的优势，但是在一段很长的时间内，惠更斯的波动说并没有被普遍接受，牛顿主导的微粒说占了上风。主要有以下两个原因。

一是由于牛顿在他同时代的人中具有极高的知名度和很大的影响力。牛顿认为“光在物体里比在真空中传播得快”，他为了排斥波动说，创造了一个“突发间隔”的理论，指出“每条光线在它通过任何折射面时都要进入某种短暂的状态，这种状态在光线行进中按相等的间隔复原，并且在每次复原时倾向于使光线容易穿过下一个折射面，而在两次复原之间则容易被反射”。为了解释这个理论，牛顿还特意定义了什么是“突发间隔”，即“任何一条光线被反射倾向的复原，我就称作它的

易于反射的突发；而它的透射倾向的复原，就叫作它的易于透射的突发。在每一次复原和下一次复原之间光线通过的距离，就叫作它的突发间隔”，这里的“突发间隔”在一定程度上对应于波动理论中被称为光的波长的量。但是牛顿也说“至于这是一种什么作用或属性，它是光线的一种圆周运动或振动，还是媒质或别的什么东西的圆周运动或振动，我这里就不去探讨了”，这样又立马回避了波动说。这些内容，正说明了牛顿对他的微粒说存在着不自洽性。然而，与牛顿同时代的人们将牛顿当作巨人中的巨人，他在民众中具有绝对的权威，人们盲目崇拜、盲目跟风，会自觉与不自觉地站在牛顿这一边，因而将波动说边缘化。

二是由于惠更斯没有用足够的数学语言将他的观点表述出来。惠更斯与牛顿在物理学研究上有着惊人的相似之处，在17世纪恐怕再也找不出可与他们两人比肩的人了。在力学方面，他们研究同样的问题，使用类似的方法，并得到相似的结果。在光学方面，他们几乎同时受到胡克的《显微图谱》的启发，想到用相同的方法测量有色薄膜的厚度。在抽象思维的世界中，惠更斯是无与伦比的，诚如莱布尼茨所说，惠更斯的去世是科学界不可估量的损失。但与牛顿相比，惠更斯对后世的影响却远远低于牛顿是有诸多原因的，主要受个人局限性的影响，可以简要概括为四点：一是惠更斯身体一直不好，健康不佳阻碍了惠更斯的研究进展；二是他格局小，独自研究，朋友圈里没几个朋友，所带的学生也没有几个；三是他在出版著作方面总是犹豫不决，错失了最佳的出版时机，当其专著终于问世时，其他人早已或多或少地了解了书中的一些内容；四是惠更斯的哲学信念，他支持笛卡尔的观点，认为任何自然现象必

定有它的力学解释。正因为此，惠更斯并不看好牛顿的万有引力定律，认为它只是数学的堆砌，没有任何力学机制的解释，而惠更斯又不能用足够的数学语言精准地将他的波动说观点表述出来，使得在对抗任何质疑时无力进行精准地回应。

综合以上两个方面可以看出，正是基于时代的局限性和惠更斯个人的局限性，加上微粒说更符合人们的直观感觉，因此在牛顿时代以及以后的两百年间，大多数物理学家根据自己的心理倾向，都在不自觉地选择支持或赞同牛顿的微粒说。

爱因斯坦在《牛顿光学》序言中还写道："反射，折射，透镜成像，眼睛的作用模式，不同种光的光谱分解和再复合，反射望远镜的发明，颜色理论的最初的基础，虹霓的基本理论，从我们身旁列队而过；而最后来的是他对薄膜颜色的观察资料，它是下一个伟大理论进展的起源，尽管这一进展还不得不等到100多年后由托马斯·杨来实现。"这段话既概括了牛顿对光学的贡献，又点出了托马斯·杨的历史定位，正是托马斯·杨的双缝干涉实验终结了牛顿的微粒说，复兴了光的波动说。

8.3　杨氏双缝干涉实验复兴了光的波动说

牛顿时代之后的两百多年，人们对光学的认识几乎停滞不前，直到托马斯·杨成功开启光学真理的大门，为后来的研究者指明了方向。在杨氏双缝干涉实验（简称"杨氏实验"）之后，光的微粒说与波动说之争属第二次大论战，惠更斯主导的波动说得到了复兴。

8.3.1　杨氏双缝干涉实验的背景

在人们探索光的本质的过程中，微粒说和波动说之争已横跨了3个世纪之久。托马斯·杨是英国医生、物理学家、光的波动说的奠基人之一。他研究过眼睛的构造和其光学特性，在涉及眼睛接受不同颜色的光这一类问题时，对光的波动性有了进一步的认识，导致他对牛顿做过的光学实验和有关学说进行深入的思考和审视。托马斯·杨爱好乐器，几乎能演奏当时所有的乐器，这种才能与他对声振动的深入研究是分不开的；这种钟爱，使他思考光会不会也和声音一样是一种波时有了一种自然的心理倾向。为此，托马斯·杨做了著名的杨氏双缝干涉实验，为光的波动说复兴奠定了基础。

8.3.2　杨氏双缝干涉实验简介

托马斯·杨在1801年第一次成功地进行了光的干涉实验。他让太阳光照射到一个有小孔S_0的屏上，根据惠更斯原理，这个小孔就成了一个能发出次波的“光源”（相当于第一代“克隆”光源）。从小孔发出的光照射到第二个屏的两个小孔S_1、S_2上，如图8-3所示。这两个小孔离得很近，而且与小

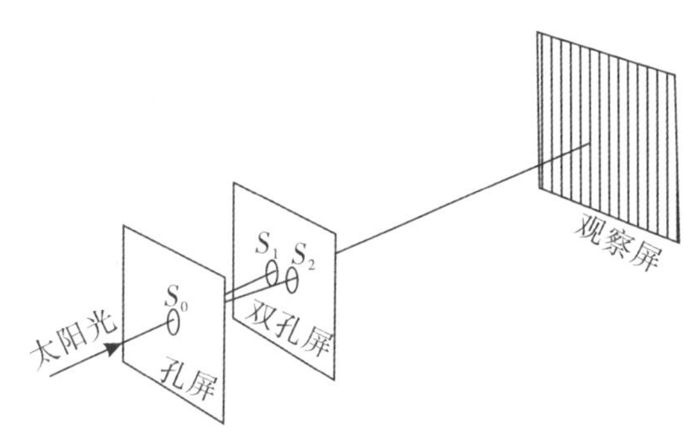

图8-3　小孔实验示意图

孔 S_0 的距离相等。根据惠更斯原理，S_1 和 S_2 位于从 S_0 发出的球面波的同一波面上，所以 S_1 和 S_2 处的光波不但频率相同、振动方向相同，而且总是同相位的（相位差恒为零，即同步同调或步调始终一致），于是这两个小孔 S_1 和 S_2 就成了两个相干的次光源（相当于第二代“克隆”双胞胎光源）。次光源将一束光变成两束光，两束光来自同一光源，所以它们是相干的，S_1 和 S_2 发出的次波在观察屏上的相干叠加就形成了明暗相间的干涉图样。

接着，托马斯·杨又把 S_0、S_1、S_2 由小孔改为彼此平行的狭缝，并用单色光代替太阳光，得到了更为清晰的明暗相间的干涉条纹。图 8-4 是该实验装置及干涉图样的示意图。因为 S_0 可视为线光源，其上的每一个发光点所发出的光波经 S_1 和 S_2 后都能在屏上产生更明亮的干涉条纹，所以就在屏上形成更为清晰、明亮的近似平行于狭缝的干涉条纹。

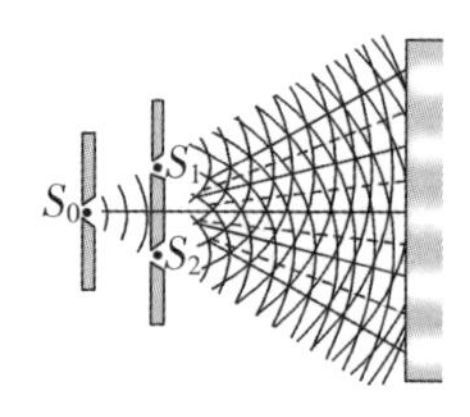

图8-4　双缝干涉实验示意图

8.3.3　杨氏双缝干涉实验的意义

杨氏双缝干涉实验验证了光是以波动的形式传播的，从此波动说走向了复兴之路。由于杨氏双缝干涉实验装置结构简单、物理现象对称美丽、实验结果意义重大，因此被 2005 年 9 月份出版的《物理学世界》评选为有史以来“全球最美丽的十大物理实验”之一，且位居第五；托马斯·杨的双缝演示应用于电子干涉实验，排名第一。杨氏实验使光的波动学说得以复兴，终结了光学停滞不前的局面，使人们对光的本质认识进入了一个崭新的阶段。如今，这个著名的实验已经编入了高中物理教科书，是高中物理重要的学习内容之一。

8.4 光电效应实验召唤着人们对光的本质的哲学思考

8.4.1 波动说遇到了困难，微粒说卷土重来

除了阴极加热会发射电子外，人们还发现了从金属表面打出电子的另一种方法——使用一定波长的单色光照射金属表面，如用紫外光照射金属锌板表面后，会发现锌板带正电。锌板原来是不带电的，照射后锌板带正电，说明紫外光照射锌板后，紫外光就会将电子从锌板中打出来，锌板因缺少电子而带正电。这种把光照射到金属板上将电子打出来的效应，称为光电效应，被打出来的电子叫作逸出电子。金属中的这些电子，被打出来时都有一定的速度往前冲，利用现代的实验技术，可以测得电子逸出时的动能。从能量的角度来看，逸出电子的动能应是光的部分能量转化而来的。

为了探究一定强度的单色光产生的光电效应，我们采用控制变量法，只改变打在金属板上单色紫光的强度，探究电子逸出时的动能到底在多大程度上依赖于光的强度。科学推理是一个人重要的核心素养，因此，我们先试着做一个科学演绎推理。由能量转化和守恒定律可知，在光电效应中，电子逸出时的动能应是部分辐射的能量转化的，因此预测电子逃逸时的动

能与光的强度正相关，若使用同一种但能量更大的单色光（确定照射波长相同）来照射，由于辐射的能量增强，预测逸出电子的动能也应会相应地变大。但实验结果是增加光的强度只能增加打出来的电子数，逸出电子的动能并没有发生改变。实验结果与预测结果矛盾，电子逸出时的动能与光的强度不相关，实验结果不遂人愿，与预测不相符，从而推翻了电子逃逸时的动能与光的强度正相关的预测。所有观测到的逸出电子，即便提高光的强度，仍都具有相同的速度、相同的能量，逸出电子的速度和能量与光的强度无关。

在光电效应实验中，能不能打出电子由光的频率决定，而打出多少电子则由光的强度决定。从波动说出发，我们无法得到金属板中逃逸出的电子能量与光的强度无关的结论。方向比努力更重要，当光的波动说无法预测这一结果时，说明在这个实验预测中，实验现象与公认旧的波动说理论相矛盾，务必再次换个视角或换个方向看待遇到的新问题，从中寻找新的解释或新的突破，也预示着即将有新的理论产生。

8.4.2 爱因斯坦提出光量子假设，第三次波粒之争一触即发

现在，我们得尝试另一种理论。将视角拉回到牛顿的微粒说模型中去发展、建构解决新问题的理论。在牛顿的时代，还没有“能”的观念，自然就更没有“能量”的概念。对于牛顿来说，光的微粒没有质量，每种颜色都有各自的特性。当有了能量的概念之后，人们发现光也具有能量，但因为牛顿的微粒说已经被抛弃隐退在深山之中了，当时没有人考虑过将“能”的观念运用到光的微粒说上。幸运的是，爱因斯坦意识到了微

粒说再度出山的时机到了。

除了物质和电荷拥有量子之外，能量也有量子。能量量子的概念最早由普朗克在 1900 年提出，用来解释比光电效应复杂得多的现象。爱因斯坦从中得到启示，将能量子与光的微粒说结合起来，发展了牛顿的微粒说，创立了光量子假设。为了保持牛顿的基本思想，必须假设单色光由能量颗粒构成，并将旧的光粒子概念用光量子替换，即所谓光子。光子携带能量，以光速在真空中穿行。不仅物质与电荷有微粒结构，辐射出的能量也具有微粒结构，也就是说，辐射由光量子构成。

如果将光子比作子弹，那么一束单色光相当于一阵连续射击的机关枪射出的一连串不连续的一梭梭“弹雨”，一粒子弹打在靶标上，只能在靶标上打出一个弹孔，一个光子打在金属板上，只能打出一个电子，一阵“弹雨”就能打出更多的电子。一粒子弹要想将目标靶打穿，必须具备足够的能量，一个光子想将电子打出来，也必须具备足够的能量。

接着用光量子假设来解释光电效应。一束光照射到金属板上，相当于一阵不连续的光子连续地打在金属板上。辐射是一份一份的，微观上光量子与原子里的电子相互作用，是一对一的单边作用过程；宏观上光电效应是由许许多多一对一的单边作用过程的集合。在每个单边作用过程中，都会有一个光子撞击原子，并且只将一个电子从原子中打了出来。这些单边作用过程都是相似的，因此打出来的电子都有相同的能量。提高光的强度意味着只增加撞击电子的光子的数量，这样就提高了撞击的概率，从金属板逃逸出的电子数量会增多。由于一个电子只吸收一个光子的能量，因此单个电子的能量不会随光的强度改变。所以光量子理论就与观测到的结果完全一致了。

不同颜色的光量子拥有不同的能量，单色光量子的能量随其波长增加而成比例地减小，红光的波长比紫光长，红色光子的能量比紫色光子的能量要少，若将紫光改用红光，用红光打出来的电子，其能量要低于紫光所打出来的电子的能量，理论与观测结果也完全一致。

8.4.3 从光的波粒二象性到粒子的波粒二象性

光量子是光的基本量子，然而若是像波动说复兴时而否定微粒说那样，就会再走瞎折腾的老路。若是再次抛弃了波动说，那就没有光的波长的概念，那光的频率概念也没有了，进而光量子能量也没了。爱因斯坦注意到了这个问题，学会用两条腿走路，巧妙地将用波动说术语表达的内容翻译成量子理论的语言，例如：

基于波动说的陈述	基于量子理论的陈述
单色光具有确定的波长，光谱红光的波长约是紫光波长的两倍	单色光包含拥有确定能量的光子。光谱红光光子的能量约是紫光光子能量的一半

因此，爱因斯坦成为第一个确认光既有波动性又有微粒性的物理学家。“二象性”是由英文翻译过来的，汉语词典中没有对其的专门解释。光的波粒二象性（wave-particle duality）中“二象性”的含义是：光不仅可以“象”光的干涉、衍射、偏振等现象中那样表现出波的特性，也可以“象”在光电效应中那样表现出粒子的特性。

1909 年 9 月，爱因斯坦在萨尔茨堡举行的德国自然科学家协会第 81 次大会上做了题为《论我们关于辐射的本质和组成的观点的发展》的演讲，明确提出需要建立光的波粒二象性理论："我早已打算表明，必须放弃辐射理论现有的基础""我认为，理论物理学发展的下一阶段将给我们带来一个光的理论，这个理论可以解释为波动理论与发射理论的融合""不要把波动结构和量子结构……看成是互不相容的"。

尽管在以后的十几年里爱因斯坦又多次强调过这个问题，但由于粒子和波是物质世界的两个不同形式，极其尖锐对立，以至于光的粒子性因遭到许多著名物理学家的坚决反对而长久得不到足够的重视和关注。1916 年密立根公布了光电效应的精确实验结果，证明了爱因斯坦光电效应方程的正确性，但反对光具有粒子的特性的情况依然没有多大改观。直到 1923 年康普顿效应的发现，证实了光子与电子碰撞时遵守能量守恒和动量守恒后，光既具有波的特性又具有粒子的特性的事实才得到普遍的认可。至此，人们发现，光在传播过程中主要表现出波动性，在与实物的相互作用中主要表现为粒子性。虽然光具有波的特性和粒子的特性的奇特现象还不能做出解释，但由此而引发了一场物理学的革命。

既然原来视为波动的光具有粒子性，那么原来视为粒子的电子会不会具有波动性？德布罗意带着这个问题，在光的波粒二象性的启发下，把光的波粒二象性的特征推广到一切实物粒子，大胆地提出了实物粒子（如电子）具有波动性，并于 1924 年在题为《关于量子理论的研究》的博士论文中，明确地提出了物质波的假说：一个动量为 P、能量为 E 的自由粒子，就相当于一个波长为 λ 、频率为 ν ，并沿着粒子运动方向传播的平面波，实物粒子的波长与其动量之间存在着定量关系。他还指出，物质波是物质自身的一种固有属性，有别于以

往的机械波和电磁波。1927年由电子在晶体上的衍射实验证实了物质波的存在。微观物理的实验观测显示，微观粒子似乎有时呈现粒子的性质，有时又呈现波的性质，例如电子在云雾室的照相径迹与康普顿效应等显示它像粒子，但在电子通过晶体薄片发生衍射的实验中它又像波。实验还证明，电子的波动性并不是由任何外界因素所造成的，而是电子自身的一种属性。用其他微观粒子如原子、分子等做实验，也得到同样的结果，物质波的确真的存在。

波和粒子这两种完全对立的物质世界竟然属于同一客体。电子在电场或磁场运动时的行为像粒子，但在穿过晶体而衍射时的行为又像波，那么电子到底是粒子还是波？应该如何理解和描述微观客体这种奇特的二难现象？对于物质的基本量子，我们又遇到了在讨论光量子时所遇到的同一困难：怎样把物质和波这两种对立的观点统一起来。

8.4.4 对波粒二难问题的解释与物理学和哲学的发展

光子和电子，真的像魔鬼幽灵一样，有时不管你怎么看、怎么想，光子和电子不得不是波；有时不管你怎么看、怎么想，光子和电子又不得不是粒子。光子和电子，究竟是粒子还是波的讨论，真是起起伏伏。三百多年来，波与粒子的兴废存亡，此起彼伏，传奇不断，这中间既有悲欢也有起落，在物理史上留下痕迹的伟大人物就有：牛顿、胡克、惠更斯、托马斯·杨、菲涅尔、傅科、麦克斯韦、赫兹、汤姆生、爱因斯坦、康普顿、德布罗意……这场历时三百年、争论不休的波粒之争让我们处于进退两难之境，一方面光电效应、康普顿效应毫不含糊地展示了光具有粒子的特性；另一方面麦克斯韦电磁理论、光的双缝干涉实验和光的单缝衍射实验早已毫不犹豫地揭示了光具有波的特性。爱因斯坦指出了什么是光，而康普顿则第一个在真正意义上“看到”了光量子。再如电子，玻尔的跃迁、原子里的光谱、海森伯的矩阵都强调了它不连续的一面，这似乎使粒子性占了上风，但薛定谔的方程却又大肆渲染它的连续性。

在量子力学建立以后，围绕着微观客体的波粒二难问题，科学家们先后提出了各种各样的解释并引起了激烈的争论。

观点一：将粒子性虚化，认为波是唯一实在。如创立了波动力学基本方程的薛定谔，由于深受波动理论的影响，他提出了一种观点，即物质波是实在的波，波是唯一的实在，而粒子是不存在的，所谓粒子只是波密集的地方，称为“泡包”，由于泡包在传播过程中将不断地扩大，以至于泡包会因扩散而消失。这种将微观客体的粒子性虚化的说法，不符合微观客体具有稳定性的实际情况。

观点二：将波动性表面化，认为粒子性是唯一实在。如认为粒子是唯一的实在，它沿波浪形的轨迹前进就表现出波动性，如同汽车在丘陵地带行驶一样，汽车一方面是客观实体，而另一方面当它在丘陵地带行驶时表现为波浪形的路线。这种将波动性表面化的观点也显然与实验事实不符。

观点三：认为波是一群粒子的集合。这种观点虽然能解释双缝干涉图样和单缝衍射图样是粒子之间的相互作用所造成的，但无法解释弱电子衍射实验——当电子一个一个射出时（这时并没有电子间的相互作用），经过一段时间后也会形成双缝干涉图样和单缝衍射图样。

总之，对于波粒二难问题，所有试图将其归结为某一个单

一方面的解释都未获得成功。

还有一种观点认为物质波并不是实在的波，而是概率波。1926年玻恩提出了物质波的概率解释，他认为电子在运动中没有固定的轨道，它的分布具有波动性，由于电子的衍射图样和光的衍射图样极其相似，玻恩将物质波与光波类比，认为微观粒子的运动不再遵循牛顿机械宇宙观或决定论规律，而是遵循统计规律。由于微观粒子具有波动性，我们不能确定某个粒子会在什么地方出现，而只能确定它在某个地方出现的概率是多大，虽然粒子是不连续的，但粒子在空间出现的概率却按波的方式连续分布传播，这种波并不是实在的波，而是一种概率波，所以物质波又称为概率波。玻恩用概率概念，找到了将波与粒子衔接起来的途径。

当时，海森伯对电子运动中的波动性确信无疑，由于水滴远比电子大，海森伯意识到云雾室中“电子的径迹”不是电子的真正轨道，可能是一系列并不十分准确的位置，通过小水滴的密集排列而呈现出来的。海森伯沿着这个思路，通过“γ射线显微镜”的理想实验，在1927年3月推导出一个异乎寻常的关系式：

$$\Delta x \cdot \Delta p \geqslant \frac{h}{4\pi}$$

其中，Δx和Δp分别为坐标x和动量p取得的概率分布范围。此式表明：在同一实验中，对粒子位置的测定越准确，对其动量的测定就越不准确，反之亦然，这种关系对其他共轭物理量也是成立的，这就是著名的海森伯不确定性原理。它反映了微观粒子运动的基本规律，是微观世界的波粒二象性及粒子空间分布遵循统计规律的必然结果。海森伯不确定性原理反映了微观粒子的坐标和动量不能同时精确测量的准则。因此在量子世界里，不能用精确的“轨迹”来描述粒子在微观世界里的运动，一个电子只能以一定的不确定性处于某一位置，同时也只能以一定的不确定性具有某一速度。在确知电子位置的瞬间，关于它的动量我们就只能知道相应于其不连续变化的大小的程度，于是位置测定得越准确，动量的测定就越不准确，反之亦然。

不确定性原理正是微观客体波粒二象性的一种定量反映、统计关系和模糊程度。粒子性使我们可以分别准确测定客体的位置或动量，而波动性使我们又不能同时准确测定其位置和动量，二者将顾此失彼。所以若将经典物理中的物理量应用到微观世界领域中，由于是运用熟悉经典物理的话语来描述陌生微观世界，就往往带有很大的局限性。因此在微观世界里，我们追问哪个“真实”是毫无意义的，我们唯一可说的，是在已确定观察方式的前提下，“真实”就是它呈现出的样子。

海森伯的不确定性原理得到了他的老师玻尔的支持，但玻尔不同意他的推理方式，认为他建立不确定性原理所用的基本概念有问题。双方发生过激烈的争论。玻尔的观点是不确定性原理的基础在于波粒二象性，他说：“这才是问题的核心。”而海森伯说：“我们已经有了一个贯彻一致的数学推理方式，它把观察到的一切告诉了人们。在自然界中没有什么东西是这个数学推理方式不能描述的。”玻尔则说：“完备的物理解释应当绝对地高于数学形式体系。”

玻尔很早就认识到，对波粒二难问题，需要用一种全新的观点去认识它。玻尔从哲学上考虑问题：怎么看电子都没法不是个粒子，怎么看电子都没法不是个波。那么电子不可能不

是粒子，它也不可能不是波，那剩下的唯一的可能性就是它既是粒子，同时又是波。这完全没法叫人接受，因为波与粒子分明是互相排斥的呀。如同一个人怎么可能既是男的，又是女的呢？这种说法难道不自相矛盾吗？

玻尔认为，电子就是电子，是客观存在的实在。客观存在的电子，既不是经典的粒子，也不是经典的波，这两种对立的概念都只能近似地反映电子属性的一个方面，只有将它们看作是既互相排斥又互相补充的、缺一不可的知识成分，才能得到有关电子知识的全貌。因此，一个电子必须从粒子和波两个不同的视角才能做出诠释，任何单方面的描述都是不完全的。只有粒子和波两种概念有机结合起来，电子才成为一个“有血有肉”的电子。没有粒子性的电子和没有波动性的电子，都是没有“血性”的电子，是不完美的。

电子具有波粒二象性，它可以展现出粒子的一面，也可以展现出波的一面，这完全取决于我们如何去观察它。如果我们想看到电子的粒子性，那就让大量电子通过加速电场和偏转电压打到荧光屏上变成一个亮点，这就是粒子性；如果我们想看到波动性，也行，让大量电子通过双缝干涉实验装置或单缝衍射实验装置形成干涉图样或衍射图样，这就是波动性。但任何情况下观察电子，它都只能表现出其中一种属性，要么是波，要么是粒子，不会同时出现波动性与粒子性混合叠加现象。

感觉似乎不对劲，却又道不清，电子通过加速场变成了粒子的模样，通过双缝干涉实验装置变成了波的模样，类似川剧变脸绝活，可是撕下它的变脸面具，电子本来的真身或本来面目究竟是什么呢？

“白马非马”是中国逻辑学家、战国时期赵国人公孙龙提出的一个逻辑问题：这匹马当然是白色的，但如果是有色盲的人观察，可能会说是红色；如果改变观察方式，戴上有色眼镜观察，它可能是其他颜色；如果改在红光照射下观察，它就是红色的。

电子也是一样。电子是粒子还是波？那要看选择的观察方式和观察行为。如果采用康普顿效应的观察方式，那么它无疑是个粒子；要是让电子通过金箔来观察，那么它无疑是个波。有趣的是汤姆生对阴极射线的实验发现电子是粒子，而他儿子通过电子衍射实验表明电子是波。那么，它原本到底是粒子还是波呢？其实，没有什么“原本”，所有的属性都是与观察联系在一起的。

但是，一旦观察方式确定了，电子就会自动地选择其中一种表现行为，它要么以波的形式呈现，要么以粒子的形式呈现，绝不会将波动性和粒子性混杂在一起同时呈现。这如同公孙龙的那匹白马，不管谁用什么方式观察，同一种观察方式中，它只能呈现出某一种观察结果。不可能有这样的奇妙的体验：这匹马既是白色，同时又是黑色，或既是黄色，又是红色。虽然波和粒子在同一时刻是互相排斥而不相容，但它们却在一个更高的层次上统一在一起，作为电子的两个方面被纳入一个整体概念中。“这种表现上看来互相矛盾的现象必须看成是互补的，只有将这些现象综合起来才能揭示出一切关于原子客体的明确知识。”这就是玻尔的互补原理，它连同玻恩的概率解释、海森伯的不确定性原理，三者共同构成量子论“哥本哈根解释”的核心。

1927 年，玻尔做了《量子公设和原子理论的新进展》的演讲，提出著名的互补原理。他指出，在物理理论中，平常大家总是认为不必干涉所研究的对象就可以观测该对象，但从量子理论看来却不可能，因为对原子体系的任何观测，都将涉及所观测的对象在观测过程中已经产生的改变，因此不可能有单一的定义，平常所谓的因果性不复存在。对经典理论来说是互相排斥的不同性质，在量子理论中却成了互相补充的一些侧面。波粒二象性正是互补性的一个重要表现。不确定性原理和其他量子力学结论也可从这里得到解释。

玻尔提出的互补原理，为解释量子物理学中的一系列矛盾提供了一种全新的思想和方法。玻尔认为，对于无法直接观测的微观客体的行为，我们只能通过相应的实验呈现出来的某种宏观效应来间接地认识和了解。而实验安排和观测结果都只具有宏观的性质，只能用经典语言来描述，但是用经典语言来描述微观世界时，又要受制于不确定性关系，因此微观客体呈现出来的波动性的行为或粒子性的行为，只能是经典语境中的一种“近似”或“比喻”，在涉及微观世界的相关实验中，微观对象的某方面“近似”显得明显了，另一方面“近似”就显得模糊了，若波的特征明显呈现，粒子特征就隐藏起来；若波的特征隐藏起来，粒子特征就明显呈现。玻尔说：把传统的物理属性硬生生地加给微观客体就导致了一个本质上的含糊性要素，这点在关于电子和光子的粒子性和波动性的两难局面上是显而易见的。互补原理在粒子与波的既互斥又相补的辩证关系之中排除了对波动性和粒子性的机械、片面的解释，因此互补性体现了微观客体粒子性和波动性的辩证统一，体现了量子化和连续性的辩证统一。

8.5 爱因斯坦与玻尔至死未忘的争论

玻尔还批评了那种认为波粒二象性是“波和粒子轮流坐庄”的机械观。第三次波粒之争，就以这样戏剧化的方式收场。但爱因斯坦与玻尔至死未忘的争论并未结束。

不确定性原理和概率解释摧毁了经典世界的严格因果性，互补原理和不确定性原理又合力捣毁了世界的绝对客观性。因此，玻恩、海森伯、玻尔等人提出了量子力学的诠释以后不久就遭到爱因斯坦和薛定谔等人的批评，他们不同意对方提出的波函数的概率解释、不确定性原理和互补原理。双方展开了一场长达半个世纪的大论战，许多理论物理学家、实验物理学家和哲学家卷入了这场论战，这一论战至今还未结束。现在正在进行的关于隐参量的辩论就是他们论战的继续。

1930 年 10 月，第六届索尔维会议召开。爱因斯坦瞄准不确定性原理主动出击，用一个被人们称为“爱因斯坦光子箱”的理想实验为例，试图从能量和时间这一对正则变量的测量上来批驳不确定性原理。爱因斯坦设计了一个思想实验：想象有一个具有理想反射壁的箱子（如图 8-5），里面装有若干个光子，箱子上有一道可以控制开闭的快门，快门由箱内的时钟控制，快门开闭的时间间隔 Δt 可以任意短，短到每次只释放一个光子。当光子释放时，箱子就会轻那么一点点，重量的变化可以用一个理想

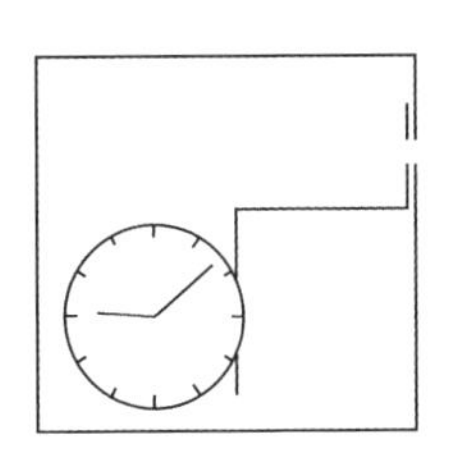

图8-5 “爱因斯坦光子箱”示意图

的弹簧秤测量出来，假设轻了Δm，那么飞出去的光子的质量为Δm，这时根据相对论质能转化公式$E=mc^2$，可以算出箱子内部的能量相应减少$\Delta E=\Delta mc^2$，ΔE也可以精确测定。而由光子的能量E与动量p的关系式$E=pc$可以得到$p=\frac{E}{c}$，故有$\Delta p=\frac{\Delta E}{c}$，又因为$\Delta t$内光子位移$\Delta q=c\Delta t$，故有$\Delta q\Delta p=c\Delta t\frac{\Delta E}{c}=\Delta E\Delta t$，由于$\Delta E$和$\Delta t$都是可以精确测定的确定值，于是，$\Delta E\cdot\Delta c\geqslant\frac{h}{4\pi}$也就不成立。借此，证明海森伯的不确定性原理不能成立。

爱因斯坦的这一招果然直中要害，干脆利落！玻尔等人对爱因斯坦的光子箱实验毫无思想准备，一时想不出任何反击的办法。这一招真的无懈可击吗？经过一夜的紧张苦思，玻尔终于找到了打开此招的突破口。他发现爱因斯坦没有注意到广义相对论的红移效应。第二天一早，玻尔就在索尔维会议上发言，首先在黑板上画了一幅与爱因斯坦光子箱相似的草图（如图8-6），实际上只是改进昨天爱因斯坦画的那幅图，他假设箱子是挂在弹簧秤下，箱子上装有指针，从标尺可以读出指针的位置。然后他说：一个光子跑了，箱子轻了Δm，可看到箱子在弹簧作用下的位移Δq，这样箱子就在引力场中移动了Δq

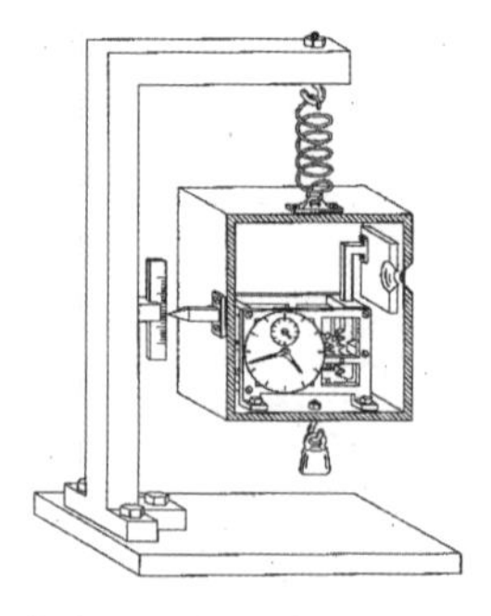

图8-6　波尔“爱因斯坦光子箱”草图

的距离。根据广义相对论的红移效应，时间的快慢也要随之相应改变Δt，可以根据公式计算出：$\Delta t>h/(4\pi\Delta mc^2)$，再代入质能公式$\Delta E=\Delta mc^2$，则得到最终结果$\Delta E\cdot\Delta t>\frac{h}{4\pi}$，这正是海森伯的不确定性原理。

爱因斯坦的光子箱实验不仅没有将量子论击倒，反而还成了量子论的最好证明，而且又意外地给量子论的思想添上了最浓重的一笔。玻尔的论证是如此的有力，使爱因斯坦不得不放弃自己的看法，承认量子力学在理论上是自洽的，海森伯的不确定性原理是合理的。

爱因斯坦对因果关系、决定论不能丢弃的信念几乎变成了一种信仰，信仰是人的精神支柱，具有无穷的力量，爱因斯坦已经决定横下一条心，终生为经典理论而战。

1935 年 3 月，爱因斯坦与玻多尔斯基以及罗森合作，三人联名在《物理评论》杂志上发表了一篇标题为《能认为量子力学对物理实在的描述是完备的吗？》的论文，文中提出“波函数所提供的关于物理实在的量子力学描述是不完备的”，再一次对量子论的基础发起反击，当然他们改变了反击的策略，不再说量子论是自相矛盾或者是错误的，而是改说它是“不完备”的，并且表示，相信会有比量子力学更充分的描述。他们通过理想实验提出一个著名的悖论，人称 EPR 悖论（EPR 是他们三人姓氏的首字母缩写）。他们的论点是，完备理论的必要条件应该是：物理实在的每一要素在理论中都必须具有对应的部分，而要鉴别实在要素的充分条件则应是“不干扰这个体系而能够对它做出确定的预测”。量子力学中一对共轭的物理量，按照海森伯的不确定性原理，精确地知道了其中一个量就会排除对另一个量的精确认识。对于这一对共轭的物理量，在

下面两种论断中只能选择一个：要么认为量子态对于实在的描述是不完备的，要么认为对应于这两个不能对易的算符的物理量不能同时具有物理的实在性。

玻尔立即以同一题目作答。他认为：物理量本来就同测量条件和方法紧密联系，任何量子力学的测量结果传递给我们的不是关于客体的状态，而是关于这个客体浸没在其中的整个实验场合。这个整体性特点保证了量子力学描述的完备性。

以爱因斯坦为代表的 EPR 一派和以玻尔为代表的哥本哈根学派的争论，促使量子力学完备性的问题得到了系统的研究。1948 年，爱因斯坦对这个问题又一次发表意见，进一步论证量子力学表述的不完备性。1949 年，玻尔发表了长篇论文，题为《就原子物理学的认识论问题和爱因斯坦商榷》，文中对长期论战进行了总结，系统地阐明了自己的观点。而爱因斯坦也在这一年写了《对批评者的回答》，批评了哥本哈根学派的实证主义倾向。双方各不相让。爱因斯坦去世前不久说过一句话“50 年的自觉思考，并未使我在‘光量子是什么’的问题上前进一步”，表现了他对量子理论现状的强烈不满。1955 年爱因斯坦去世后，玻尔仍旧没有放下他和爱因斯坦的争论，论战持续进行。玻尔在 1962 年去世，在他去世的前一天还在思考这个问题，他在办公室黑板上还画着当年与爱因斯坦“华山论剑”时那个著名的爱因斯坦光子箱草图。可见他们之间的争论在深度和广度上，在激烈性和持久性上都是科学史上所罕见的，这场论战并没有因为他们的去世而结束，直到今天仍在继续。

一代科学伟人，他们既是严肃论战的对手，又是追求真理的战友，争论时不留情面，生活中友谊真诚，这样的事例在科学史中实在难得。

1953年，美国物理学家戴维·玻姆提出隐变量理论，也认为哥本哈根学派的量子力学只给微观客体以统计性解释是不完备的。他提出有必要引入一些附加的变量，以便对微观客体作进一步描述，这些新变量就叫隐变量。1965 年，爱尔兰物理学家贝尔在定域性隐变量理论的基础上提出了一个著名的关系，人称贝尔不等式，于是有可能对隐变量理论进行实际的实验检验，从而判断哥本哈根学派对量子力学的解释是否正确。从 20 世纪 70 年代初开始，各国物理学家先后完成了十几项检验贝尔不等式的实验。大家主要从三个方面来进行实验，一是从原子级联辐射的两个光子的偏振关联分析；二是从电子偶素湮没所产生的两个光子的偏振关联分析；三是质子—质子散射的自旋关联分析。这些实验结果大多数都明显地违反了贝尔不等式，而与量子力学理论的预言相符。但也有几个实验满足贝尔不等式。应该指出，即使实验证明贝尔不等式不成立，也不能认为对爱因斯坦与玻尔的争论做出了最后裁决。目前这场论战还在进行之中，未有最后定论。未来可以预见，将有一种新的理论使波动性和微粒性融合于一体。

8.6 波粒二象性之争给我们的启示

在科学研究中将陌生问题转化为熟悉问题，类比发挥着原型启发作用。光是怎样传播的？光的本质是什么？这两个问题看似简单，其实都是极其复杂的问题。牛顿根据光的直线传播，联想到弹性小球与墙壁的碰撞，提出了光的微粒说，并

用相互作用来解释光的反射、折射等现象。虽然看似能够用牛顿的微粒说解释光的折射方向，但会意外地出现与实际相悖的问题。按牛顿的解释，由于玻璃与光微粒间的引力作用，当光从真空中进入玻璃中时，光束的方向会发生改变。惠更斯抓住微粒说不能解释“为什么光是沿着精准的直线进行传播以及为什么从无数个不同方向而来的光线彼此交汇时相互之间却没有产生阻碍”，联想到声音的传播、水波的传播，并运用这一绝妙的类比，提出了光的波动说，光像声音一样，以波的形式传播。为了解释光学现象，引入次波的概念，开创性地提出了惠更斯原理，这无疑是一次重大的创举，挑战人们的直观感觉和光是直线传播的公理。惠更斯的解释是成功的，虽然在微粒说与波动说的第一次争论中处于劣势，但最终获得了认同。

毫无疑问，牛顿的类比是成功的，惠更斯的类比也是成功的，所以运用类比法，要注意类比的或然性和差异性。类比推理允许在不知两者之间是否有必然联系的前提下，进行一种或然的推理。由于类比的结论带有或然性，因此对类比推理的结论一定要以事实来检验。进行类比的两个对象除了相似性还有差异性，正是这种差异性限制了类比的作用，使得类比推理的结论往往带有一定的局限性。如果不注意这种差异性，由类比推理得出的结论可靠性就会降低，甚至失去作用。惠更斯运用类比提出了波动说，但波动说在当时没有占据上风的重要原因是惠更斯在类比时没有充分注意到光与声的差异性，提出光是纵波而无法解释双折射等现象。

科学研究的使命就是运用已有的认知，建构新的模型，解决问题。科学家的使命就是创造新思想、新理论，拆除或打通阻碍科学发展的“篱笆墙”，这就需要创生新的原理。牛顿提出微粒说，用相互作用来解释光的偏折，这个定性解释获得了成功。原来视为波动的光具有粒子性，原来视为粒子的电子为什么不能具有波动性？德布罗意在他的博士论文中，大胆提出实物粒子具有波动性的概念，把光的波粒二象性推广到一切实物粒子，大获成功。

学会从宏观和微观两个不同的视角看待问题、分析问题和解决问题。解决问题是一个认知过程，具体体现为人行为背后的思维与智慧，学会辩证地看待问题、分析问题和解决问题显得格外重要。波动说与微粒说看似是相互对立的一对矛盾，但若将双缝干涉实验中的光屏换成感光底片，可以看到当光很弱时，光是作为一个个粒子落在感光底片上的，显示出光的粒子性；当光很强时，光与感光底片量子化的作用积累效应形成明暗相间的条纹，显示出了光的波动性。从不同的角度就可能有新的发现，获得新的成功。

9 死活的叠加与非死即活

——“薛定谔的猫”

9.1 思想实验“薛定谔的猫”提出的背景

9.1.1 微粒性越强，则波动性越弱；波动性越强，粒子性越弱

光的微粒二象性的宏观表现与观察条件有关。爱因斯坦揭示了光同时具有的电磁波的波动性与光子的微粒性这种互相矛盾的二重特征。在单孔衍射实验中，让一单色点光源发出的光照射一个尺寸可调的圆孔，在圆孔的后面放置一光屏。实验时从大到小地调节圆孔大小，在光屏上可以观察到如图 9–1 所示现象。

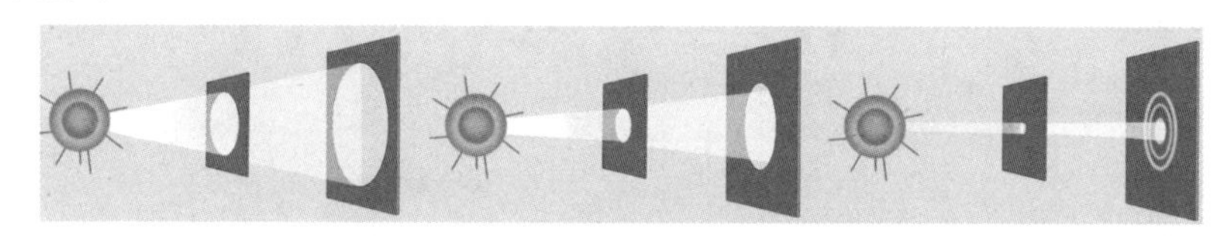

图9–1 单孔衍射实验示意图

由此可见，圆孔越大，光的微粒性越强，波动性越弱；圆孔越小，光的微粒性越弱，波动性越强。通过调节圆孔的大小来限制它们的位置，圆孔越小，射入粒子位置的不确定量减小，由于微观粒子具有波动性，会发生衍射现象。

如图 9–2 所示，用单色平行光照射一狭缝可调的挡板，在狭缝后面放置一光屏。从大到小地调节狭缝的大小，在光屏上可以观察到光的单缝衍射现象。

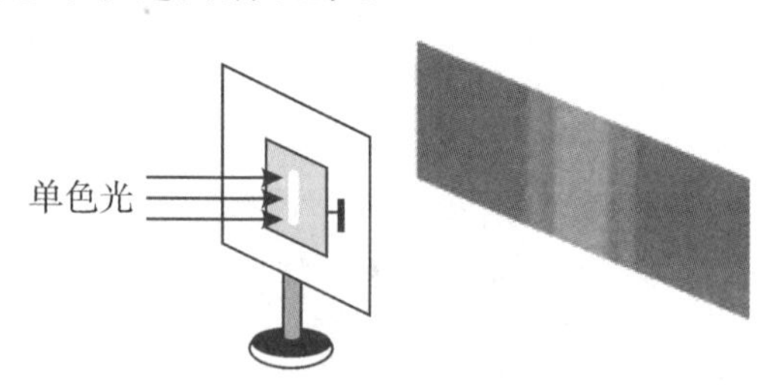

图9–2 单缝衍射实验示意图

因为光屏上各点的明暗程度反映了粒子到达该点的概率，如果把这个概率的分布用图表示出来，就可得到如图9-3所示的光强曲线示意图，a代表粒子位置的不确定范围，b代表粒子动量的不确定范围。

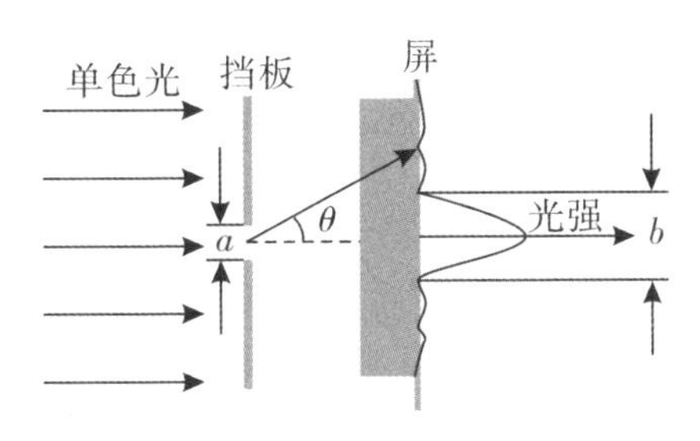

图9-3 光强曲线示意图

虽然每个入射的粒子都具有确定的动量，但它们在挡板左侧的位置在某一范围内，而具体的位置却是不确定的。我们可以通过将狭缝的宽度a调窄一些来限定它们的位置，使入射粒子位置的不确定性减小，狭缝调得越窄，位置范围的不确定性就会越小。由于微观粒子具有波动性，入射粒子穿过挡板后，会发生衍射，许多粒子散落在宽度为b的中央亮条纹内。按照经典物理学理论，这些粒子本应在通过狭缝后沿着水平方向运动，但仍有些粒子会跑到狭缝的投影位置之外，这是因为这些粒子具有与其原运动方向垂直的动量。而粒子到达屏上的位置是有一定概率的，所以粒子在垂直方向上的动量也具有不确定性，中央亮条纹的宽度b可以衡量其不确定性的大小。

为了更准确地获得粒子通过狭缝的位置，可以将狭缝调得更窄来实现，但实验结果表明狭缝越窄，屏上中央亮条纹的宽度b就越大，波动性越明显。这说明在减小粒子位置的不确定性而获得更准确的粒子位置的同时，粒子的动量不确定性会

相应增大；反过来，若在得到更准确粒子的动量的同时，粒子的位置的不确定性会相应增大。在微观世界里，微观粒子位置的确定性与其动量的确定性就像跷跷板一样，二者无法同时确定。这就是著名的不确定性原理。

不确定性原理反映了微观粒子运动的基本规律，是物理学中又一条重要原理，但直接挑战因果论（或决定论）或牛顿机械宇宙观。若宇宙是确定的，按照牛顿机械宇宙观，只要知道其初始状态和受力情况，那么我们就完全有可能根据万有引力定律和牛顿运动定律，推测宇宙是如何运行的，进而对宇宙的运行进行预告。不仅如此，我们还能倒推宇宙过去变迁的“来龙去脉”和未来发展变化的“归宿”。因此，海森伯的不确定性原理击中了只要知晓关于过去的全部信息，人们就能预测未来的死穴。

9.1.2 单个电子的双缝干涉实验

一棱棱粒子才能相互干涉，单个电子无法产生干涉现象，这是不少知道波粒二象性的人潜意识中的共识。人们对波粒二象性的一种普遍的误解是单个粒子表现出粒子性，而大量粒子表现出波动性。

实验一：让电子穿过只有一条狭缝的挡板，电子确实落在衍射的位置上。让电子穿过带有两条狭缝的挡板，如果将其中任何一条狭缝关闭，电子仍落在衍射对应的位置上。

若实验一中的单缝改为双狭缝，结果又会如何？

我们知道，一个电子只能穿过一条狭缝。若让单个电子穿过双狭缝，电子还会落在衍射位置上吗？单个电子穿过双狭缝，电子不可能落在双狭缝干涉位置上，而是落在单狭缝衍射位置上，因为干涉是粒子间相互作用的结果，一个电子是没法干涉的。为什么会这么想呢？因为在经典波动学中，波的干涉必须是两列相干波相遇后相互叠加，波峰和波峰叠加形成加强区亮条纹，波峰和波谷叠加形成减弱区暗条纹。例如水波的干涉是物理教学中必做的干涉实验，也是思考波的干涉问题的重要原型，人们往往受这类原型的启发，形成普遍潜在的共识：干涉是两列波相互影响的结果，粒子间的干涉同样也需要粒子间相互作用，如果只有一个粒子，那真是没法干涉。

单个电子究竟是不是没法干涉？此问题不能仅凭感觉想象，而要靠实验支撑。那么，现在就来设计一个弱电子通过双缝干涉装置的实验，这个实验不能再像以前的双缝干涉实验那样，务必将电子枪的发射强度调到最低，即确保每次只能允许发射一个电子，观察这个电子究竟会落在什么位置。

实验二：可以让电子不是像机关枪一样不间断地发射出去，而是像步枪一样一个一个既间断地发射出去，即当前一个电子落在接收屏幕上后，再发射下一个电子。这时看到的是，每一个电子的落点似乎都是乱七八糟的，随机而杂乱无章，但是时间长了你就会慢慢地发现规律，先是屏幕上的图样慢慢地出现类似干涉条纹的样子，然后是明暗相间的干涉条纹越来越清晰地显现出来。干涉条纹竟然是由一个一个独立发射出去的电子的落点组成的。也就是说单个电子也能发生干涉作用，只要前面有两条缝。

如图 9-4，屏上能显示实验观察图样的变迁过程。实验结果表明：不论是不间断地发射，还是一个一个地发射，出现干涉条纹的实验结果都是一样的，难道电子会自己与自己作用而发生干涉？为什么会这样？凭传统思维，真有点说不清楚，道不明白。

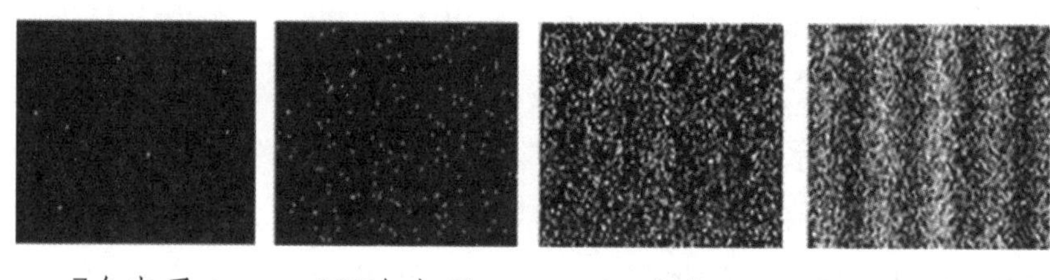
7个电子　100个电子　3000个电子　70 000个电子

图9-4　电子干涉图样

用其他粒子代替电子，重做上述实验，其实验现象与电子是一样的，它们的干涉条纹也都是由一个一个独立粒子的落点组成的。这类实验表明，单个粒子也能表现出波动性，波粒二象性是物质的一种整体性质。

9.1.3　态叠加原理

在电子双狭缝干涉实验中，单个电子有两个状态，要么通过 A 狭缝（状态 A），要么通过 B 狭缝（状态 B），一个电子不可能同时通过 A、B狭缝；单个电子通过 A 狭缝的概率为 50%，通过 B 狭缝的概率也为 50%，但电子究竟是通过 A 狭缝还是 B 狭缝，人们无法知道，只知道通过 A 狭缝或 B 狭缝的概率均为 50%。为了解释这类现象，“哥本哈根解释”提出了态叠加原理和概率波的重要假设：一个量子系统的量子态可以用波函数来完整地表述，波函数代表一个观察者对于量子系统所知道的全部信息，这就是系统的态叠加原理；按照玻恩定则，量子系统的描述是概率性的，于是提出了概率波的概念。态叠加原理认为，假设 A 状态和 B 状态是一个粒子的两种不同的状态，那么，状态 A 和状态 B 的线性组合就是这个粒子的可能状态，其同时具备状态 A 和状态 B 的特征，状态 A 和状

态 B 可称为叠加态。

按照这种假设，在双缝实验中，粒子穿过狭缝 A 时处于状态 A，穿过狭缝 B 时处于状态 B。实验装置令粒子具有了一种特定的叠加态，该叠加态是“粒子要么穿过狭缝 A”和“粒子要么穿过狭缝 B”的结合，记作“$A+B$”，也就是相当于粒子同时穿过狭缝 A 和狭缝 B。两道狭缝被捆绑在一起，于是在测量粒子位置时，会有干涉现象发生。也就是说，按照这种假设，单个粒子同时穿过了两道狭缝，它自己跟自己发生了干涉。

综上所述，让电子穿过只有一条狭缝的挡板，电子确实落在衍射的位置上。让电子穿过带有双狭缝的挡板，如果将其中任何一条狭缝关闭，电子仍落在衍射对应的位置上；而让电子穿过带有双狭缝挡板的目的，并不是让电子单独穿过双狭缝的叠加，而是让电子落在干涉位置上，为什么会如此扑朔迷离？这是因为叠加态会被人为测量而破坏，不论关闭哪条狭缝，叠加态都会因关闭狭缝而被破坏。假如我们要观察电子穿过狭缝的过程，那么它有 50% 的可能性穿过狭缝 A，同时有 50% 的可能性穿过狭缝 B，如果你观察到它从哪个狭缝穿过（即完成一次测量），叠加态就消失了，于是感光屏上就不会出现干涉。假如我们不观察电子穿过狭缝的过程，而只观察它最终落在感光屏上的形态，同时穿过狭缝 A 和狭缝 B 叠加态就会始终存在，就会看到干涉。

另外，粒子的某些属性在没进行测量之前是不确定的，我们也可以认为此时粒子处于多种属性的叠加态，只有测量完成后，它的属性才会固定下来，这时波函数发生了坍缩，叠加态立即变成了确定态。事件由叠加态变成确定态时，可以理解为波函数坍缩。

9.2 思想实验薛定谔的猫是死还是活

1935 年，薛定谔在著名杂志《自然科学手册》中提出了一个著名的佯谬，大意如下：设想将一只可怜的猫关闭在一个密闭的箱子里，并在箱子里放入一个装有毒气氰化物的小瓶、一个放射性原子以及盖革计数器和传动装置（这些物品，猫是无法直接碰触的），已知放射性原子的半衰期为1个小时。放射性原子衰变时发出的射线会被盖革计数器接收后放大，产生一个脉冲，触发传动装置，将毒气瓶打破，于是毒气被释放出来，把猫毒死。由于放射性原子的半衰期为 1 个小时，因此 1 个小时后，放射性原子有 50% 的概率发生衰变、有 50% 的概率不发生衰变。若发生衰变，传动装置会将毒气瓶打破，立刻将可怜的猫置于死地，活猫成为死猫；若不发生衰变，传动装置不会启动，猫不会被毒死，还是活猫。所以，1 个小时后，可怜的猫被毒死的概率为 50%，还有 50% 的概率是猫并没有被毒死，且好好地活着。也就是说，不打开箱子看，我们只能说这只猫有50% 的概率死，有 50% 的概率活，这时猫处在死与活的叠加量子态。不过宏观经验告诉我们，这时猫的死活已确定，只不过我们因看不到而不知道罢了。那么，这时的猫究竟是死猫还是活猫，当然要打开箱子一看，便知分晓，结果只有一个，猫非死即活。

由于箱子是密闭的，我们无法观察，打开箱子前，那个原子究竟是否已衰变，我们也无法判断，这个原子处于衰变与不衰变的叠加状态，波函数无法变成对真实事件的描述。因为原子的状态不确定，所以毒气瓶是否被打碎也不确定，而毒气瓶是否被打碎的状态不确定，猫是死还是活也不确定，这样，必然导致猫的死与活状态也处于不确定的叠加状态。只有将箱子打开一看，是死是活才最终揭晓：猫要么已经死掉了，要么还是活着的，只能出现其中的一种状态。那关键的问题来了：在我们没有打开箱子之前，这只猫究竟处于什么状态？似乎唯一可能的就是，它和我们的原子一样处于叠加态，也就是说，这只可怜的猫，当时陷入一种死与活的混合或模糊的同等状态，意味着猫既不是真的死了，也不是真的活着，而是处于一种模糊的、非物理的、介于两者之间的状态，整个系统的波函数会表达这种“叠加”。

怪怪的思想实验，听起来感觉是无稽之谈。现在不仅微观的原子、粒子像幽灵一样，宏观的猫也像幽灵一样。一只猫同时又是死的又是活的，它处在不死不活的叠加态，不仅从物理学角度讲是离奇古怪，而且还违背生活常理。

猫也是由原子组成的，而且每个原子都遵从量子力学的法则，“薛定谔的猫”把量子效应放大到了我们的日常世界，量子的奇特性质牵涉到“可怜的猫究竟是死还是活”的问题，进而牵涉到我们的日常生活。这个思想实验虽然看似简单，却刺中了哥本哈根派的要害，让他们无可奈何地咽下用“薛定谔的猫”酿造的这杯苦闷的酒。哥本哈根派对“薛定谔的猫”并不是直接作出任何回应，而是借由一个巧妙的论点回避它。哥本哈根派坚称，在打开箱子并查验内容物之前，我们无法对猫的死或活作出任何判断，甚至连赋予它一个独立的现实存在都不行，等于承认当我们没有观察的时候，那只猫不一定是又死又活的，还有可能是死活之间的中间态。哥本哈根派竟还称“不仅仅是猫，一切的一切，当我们不去观察的时候，都处于不确定的叠加状态，因为世间万物也都是由服从不确定性原理

的原子组成”。不能不承认，这听起来有强烈的主观唯心论的味道。

当我们不打开箱子去检查箱子内的情况时，那只猫真的又是活的又是死的吗？这的确是一个让很多人感到难以想象和难以回答的问题。一个人或许能接受电子处于叠加状态的事实，但一旦谈论起宏观的事物，比如“薛定谔的猫”也处在某种叠加状态，任谁都会感到不可思议。

9.3 如果将薛定谔的猫换成能说话的志愿者会怎么样

人们无法接受猫处于死与活的叠加态，最关键的地方就在于生活经验告诉我们，猫处于奇异的死与活二重状态似乎是不太可能被猫和箱子外面的观察者所感受到的。如果活着的猫能够说话，它会描述这种二重状态的感觉吗？如果猫幸运活着，它会不会说“我感到自己弥漫在黑暗的箱子里，一半已经死去了，而另一半还活着，有一种慌乱、忐忑、不安的感觉”？这肯定没人相信。

猫不会说话，无法将关在箱子里的体验反馈给我们。因此，可再在想象中进行一个更激进的思想实验，即我们将一名能说话的志愿者代替猫。箱子打开后，检查志愿者死活，结果只有一种，志愿者要么还活着，要么已经死掉了。如果志愿者还活着，他肯定会说自己“从头到尾都活得好好的，根本没有什么半生半死、半死不活的状态出现”，他肯定不会说“在里面不是很想死，也不是很想活”之类的话。本实验的意义在于，用具有思想意识的志愿者代替了没有思想意识的猫，情况就完全不一样了。箱子里的志愿者要充当两个身份，志愿者除了是一个生命体的身份外，还要充当观察者这个更重要的身份。他在箱子里不断观察、反馈自己的状态，从而不停地触动自己的波函数坍缩。

退一万步讲，即使是思想实验，即使我们不得已把一个正常的实验志愿者放入箱子里面，也要敬畏生命，也要讲究人道，也不能这么残忍。因此，不如将思想实验的条件改换一下，将原来致命的毒药改换成只会导致实验志愿者暂时失去意识的药物，情况会变得完全不一样。当箱子打开前或放他出来之前，我们也无法说服自己他正处于清醒与昏迷两种态的叠加；当箱子打开后，我们不会看到志愿者同时处于清醒态与昏迷态。如果他是清醒的，他会告诉我们在整个过程中除了有点紧张之外，总体上觉得还不错。如果我们发现他已昏迷，在恢复意识后，他可能会告诉我们，在箱子关上后十分钟他就听到装置启动的声音，并且开始感到头昏，接下来就跳到被唤醒的画面了。志愿者肯定不会说在箱子里处于清醒与昏迷两种叠加状态，或处于既不是很想死，也不是很想活两种叠加状态。尽管单一原子能够处于量子叠加态，猫也可以描述成既是死的又是活的叠加态，但志愿者显然不行，这是由于志愿者本人就具备判断的能力。

9.4 微观世界的实在究竟是什么

其实，爱因斯坦、薛定谔与玻尔、海森伯在量子论诠释问题上的分歧，实质上是实在主义和实证主义之争。以爱因斯坦、薛定谔为首的物理学家是实在主义的典型代表，以玻尔、

海森伯为首的哥本哈根派物理学家是实证主义的典型代表。

由于我们居住在地球上，无法感觉到地球的运动，当时的人们将托勒密星体运动的地心说模型当作实在。关于天体的运动，从之前的托勒密提出的地心说模型，到后来的哥白尼提出的日心说模型；从地球是静止位于宇宙的中心，发展到太阳是静止位于宇宙的中心；从行星和恒星在非常复杂的轨道上围绕地球做复杂的运动，发展到行星在极简易的圆周轨道围绕太阳做匀速圆周运动。由于日心说模型看起来不符合人们的视觉感受，引发了关于地球是否静止不动的激烈辩论并受到众多人的抵制，伽利略因宣传日心说还受到了教会的审判。现在我们知道，在太阳系内，行星围绕太阳的椭圆轨道运行，太阳又绕银河系运行，这就是现在人们认知的实在。不论之前的地心说还是后来的日心说，都是人们利用一种图像来解释星体的运动，在当时的背景下，使之更合理、更简便地解释天体的运动。事实上，对于天文观测，既可以从假定地球处于静止中得到解释，也可以从假定太阳处于静止中得到解释。正因为这样，爱因斯坦在《物理学的进化》一书中写道："物理学的进展已经创造了新的实在""物理学理论试图做出一个实在的图景并建立它和广阔的感觉印象世界的联系。判定我们的心理结构是否正当的唯一方法只在于看看我们的理论是否以及用什么方法构成了这样一座桥梁"。不存在与图像或理论无关的实在概念，相反，我们将要采用称为依赖模型的实在论观点：一个物理理论和世界图像是一个模型（通常具有数学性质）以及一组将这个模型的元素和观测相连接的规则的思想。这提供了一个用以解释现代科学的框架。

一个量子系统可以处在不同量子态的叠加态，放射性原子可能处于衰变与没衰变两种叠加态，我们无法确认它到底处于哪种状态。哥本哈根解释认为波函数对应于一个既包含活猫也包含死猫的统计系统是合理的，“薛定谔的猫”的命运确实是模糊的，在我们打开箱子看它之前，推测它到底是死是活是没有意义的。但实在主义者认为，这种解释违背了实在论，箱子被打开之前，“薛定谔的猫”要么仍然活着，要么已经死掉，因此认为“‘薛定谔的猫’的命运是模糊混合态”不是实在的，而是主观的。

玻尔声称“不存在量子世界，只有抽象的量子物理描述，认为物理学的任务是弄清自然是怎么回事，这是错误的，物理学关注的是我们对于自然有何看法”。这类论调很极端，实在论怎能接受得了。实在主义代表人物爱因斯坦在给薛定谔的信中写道：“物理描述实在，我们只能通过物理描述去认识实在。所有的物理学都是对物理实在的描述，但这种描述可以是‘完备的’，也可以是‘不完备的’。”爱因斯坦认为波函数不足以完备地描述物理实在，只能表达出系统总体统计概率。薛定谔受爱因斯坦的启发，设计了思想实验“薛定谔的猫”，决定用一个相当荒唐的案例，把测量问题引入宏观世界，充分展示哥本哈根解释的荒谬性，即不能把一个既包括活猫也包括死猫的波函数看成是对事件真实状态的描述。

自柏拉图以来，哲学家们对实在的性质长期争论不休。经典科学是基于这样的信念：存在一个真实的外部世界，其性质是确定的，并与感知它们的观察者无关，这就是宏观意义上的客观实在。如亚里士多德认为重物下落快、轻物下落慢，看似是实在，但只是表象，因为也有轻物比重物下落快，是伽利略发现这一结果存在的破绽，运用逻辑推理推翻了这一结果。

根据经典物理，某些物体存在并拥有诸如速率和质量等物理性质，它们具有明确定义的值。在这种观点里，我们的理论是试图去描述那些物体及其物理性质，并且将我们的测量和感觉与之对应。又如开普勒三大定律的发现很好地描绘了天体运行的规律，而万有引力定律与牛顿运动定律结合解释了天体运动的规律。无论观察者还是观察对象，都是具有客观存在的世界的部分，其性质是确定的，与感知它们的观察者无关。

海森伯认为，原子世界是一个虚幻的半真实世界，只有当我们建立一套测量仪器去探测它时，才能将它转化为具体而清晰的存在，即使如此，仪器也只能显示测量所针对的性质，在量子世界里测量的结果是随机的，因此如果反复做某个实验，测量的结果肯定有所不同。例如，根据精确描述自然的量子物理原理，要么只精确测定位置而模糊速度，要么只精确测定速度而模糊位置，但实际上，这个粒子既不拥有明确的位置也不拥有明确的速度。因此，说测量给出一定的结果，是因为被测量的量在测量的时刻具有那个值是不正确的。事实上，在某种情形下，单独的物体甚至并没有独立的存在，而仅作为众多的系统的部分而存在。譬如说，物体是由大量分子组成的，但一个分子不能组成某个物体。

但实证主义者认为，现代物理的知识使得要为实在论辩护变得非常困难。薛定谔从德布罗意的发现中得到启示，倾向于在没有找到电子之前，电子是散开的德布罗意波，直到我们找到它时才表现为电子。薛定谔坚信可以用波函数来描述它，从经典力学的哈密顿–雅可比方程出发，利用变分法和德布罗意公式，得出了一个非相对论的波动方程，并证明了古老的经典力学只是新生的波动力学的一种特殊表现，它完全包容在波动力学内部。薛定谔波动方程一出现，几乎全世界的物理学家都为之欢呼，但由于薛定谔本人也说不清波函数的物理意义，因而遭到了海森伯的反驳。但薛定谔坚信“波，只有波才是唯一的实在”。薛定谔说，不管电子，还是光子，或者任何粒子，都只是波动表面的泡沫，它们本质上都是波，都可以用波动方程来描述其基本的运动方式。从此，量子力学和波动力学两座大厦拔地而起，它们之间以某种天桥互相联系。今天我们已经学会了用两种方式来看待量子世界。

物理学实际上是以发明质量、力和惯性系为开端的，所有这些概念都是一些自由的发明，它们导致机械观的建立。物理学家们根据机械观去进一步理解光与电等自然现象，必须引入许多虚假的物质或理想模型，如光微粒、以太、电流体、磁流体等等，在此基础上建立的光的微粒说和波动说以及电流体的旧理论，都是企图进一步应用机械观的结果。但是，在电学领域和光学领域内，将这种旧的观念应用到全新的问题时，遇到了极大困难，进而不得不放弃机械观，进而导致场、相对论的产生。相对论加强了场的概念在物理学中的重要性，在这个体系中，场和实物是作为两种实在的。所有的实物都是由少数几种粒子组成，各式各样的实物是怎样由这些基本粒子组成的？这些基本粒子与场是怎样相互作用的？寻求解决这些问题的方法的过程中产生了量子论的观念，从而又出现了更新的实在，出现了新的概念。连续性、不连续性、光量子、光谱、物质波、概率波等概念的横空出世，颠覆了人们的认知。

哥本哈根解释要求我们接受：我们永远“读不懂”量子概念，它超越人类的习惯的经验和经典的认知；量子实体既不是波，也不是粒子，不一定要回答究竟是什么；认为科学的目的

在于对世界的某个特定的部分，即为“可观察”的部分提供一种正确的描述，只是我们需要在必要时经适当的经典概念波或粒子来替换它。

实在主义者认为，科学理论描绘实在的证明在于它们的成功。不同理论可以通过全异的概念框架成功地描述同样的现象。事实上，许多已被证明成功的理论后来被其他基于全新的实在性概念之上的同样成功的理论所取代。

实证主义者认为，事实上没有什么“客观真相”，我们的观察结论与我们的观测行为本身大有联系，我们的观测行为会影响观察结论，所以我们不要老将自己陷入量子论那奇怪的沼泽中，要知道不存在一个客观的、绝对的世界，唯一存在的就是我们能够观测到的世界。物理学的全部意义，不在于它能够揭示出自然“是什么”，而在于它能够明确关于自然我们能“说什么”。没有一个脱离观测而存在的“绝对自然”，只有我们和那些复杂的测量关系纵横交错，构成令人心醉的宇宙的全部。测量是新物理学的核心，测量行为创造了整个世界。

9.5 从五个观念看物理学的发展

9.5.1 追寻自然万物运动变化的原因始于亚里士多德

任何事件的发生，都有其原因和结果，原因先于结果，结果不会发生在原因之前。在我们传统的思维当中，有因必有果是一个根深蒂固的观念。自亚里士多德开始就一直探讨运动的原因，他第一个系统地提出了时间与空间、位置与位移、运动与静止、变化与运动的形式、匀速运动与圆周运动、快与慢、光滑与粗糙、万物与万有、有限与无限、内因与外因、存在与实在、实体论与宇宙等物理或自然哲学概念。亚里士多德认为，物体有趋向其自然处所的特征，物体的运动或静止、运动速度的大小决定于外力的推动等，概括了变化包含三个要素，即变化着的事物、它变化之前的状态以及它变化之后的状态；提出自然万物运动变化的“四因说”，即质料因、形式因、动力因、目的因；探讨了天体的运动，解释了月食的成因，提出了“地球”的概念；创立了物理学和宇宙哲学，撰写了《物理学》专著。但亚里士多德对运动根源的解释是唯心主义的。

9.5.2 经典物理体系的建立将因果论提升到了决定论，形成了牛顿机械宇宙观

“在牛顿以前，还没有什么实际的结果来支持那种认为物理因果关系有完整链条的信念”。牛顿通过观察、质疑、联想、实验、推理五个环节，运用唯物主义、辩证法、同一论、数学原理等理论武器，创造性地运用经验归纳法，创立了牛顿运动定律和万有引力定律，实现了人类历史上的第一次大综合。如同一论，牛顿对万有引力的思考是基于“掉落的苹果与月球轨道”的类比所激发的，牛顿以万有引力作为所有自然运动现象的动力学原因。牛顿的理论大大强化了人们对因果性的认识，使人们建立了在可观察的世界后面隐藏着一个受因果性支配的实在世界的观念，因果性成为人们根深蒂固的意识。将牛顿运动定律与万有引力定律综合起来应用，可以解释浩瀚的宇宙运动，勾画出一幅雄伟、全新的世界体系，从而使人们把宇宙视为某种巨大的机械装置，形成了牛顿机械式宇宙观。科

学家能够根据牛顿建立的力学理论体系，预测物体如何移动以及交互作用，近至人造卫星的发射、成功登月、火星探测器着陆火星，远至小行星的跟踪和远距离天文观测；透过牛顿的公式，将诸如质量、形状、位置、速度、作用其上的力等描述物体物理属性的量值，代入简洁的数学方程式中，就能获得该物体在未来任一时刻运动状态的信息。正如爱因斯坦所说："理论物理学的目的，是要以数量上尽可能少的、逻辑上互不相关的假说为基础来建立起概念体系，如果有了这种概念体系，就有可能确立整个物理过程总体的因果关系。牛顿的理论标志着把自然现象因果地联系起来而进行的努力中所取得的最大的进步。"

空间是物质赖以存在的容器，时间是对物质运动状态变化的一种描述。按照因果的时间次序，我们通常在初始情况的基础上解物理方程组，即可按从过去到现在再到未来的流向，对物质运动状态变化的历程进行描述。因此，决定论认为昨天的物理事件必将决定今天的物理事件，今天的物理事件还必将决定明天的物理事件，自然界现在的状态，必将决定自然界不可改变的未来。反过来还可以得到如下的结论：每个物理事件的发生都是一连串物理事件所造成的结果，从这一连串的物理事件可以一直回溯到宇宙诞生的那一刻。由此可见，因果性强化了世界是决定论范式的一种信念。18 世纪时，通过对牛顿提出的物理规律进行不断深入的讨论，思想家们建立了近代最为全面、最有影响的哲学体系，在因果论的基础上形成了决定论。这种哲学体系设计了一个有序的世界，这个世界准确得像机械钟表一样运行。决定论坚信自然界现在的状态决定了其不可改变的未来。即使在今天，决定论哲学思想仍然是我们心中的坚定信仰，仍然是我们行动的指导思想。只要掌握所有的物理定律，知道目前所有物体的运动信息和受力情况，就能通过演绎运算，预测未来宇宙中一切物体的运动行为。由此可见，我们处于一个一切都已预定好的宇宙中，包括任何运动与变化，一切都是确定的，不存在不确定性。“假使有一位智者在任一给定时刻都洞见所有支配自然界的力和组成自然界的存在物的相互位置，假使这一位智者的智慧巨大到足以使自然界的数据得到分析，他就能将宇宙最大的天体和最小的原子的运动系统纳入单一的公式之中。对这样的智者来说，没有什么是不能确定的，未来同过去一样都一览无遗。”这是法国数学家、物理学家拉普拉斯提出的“拉普拉斯世界公式”，这个公式可以说是经典决定论的一个典型宣言。也就是说，只要知道某时刻的初始运动状态量和受力条件，就可以通过“拉普拉斯世界公式”计算出世界的全部过去和未来，这就是预测性。

9.5.3 开尔文勋爵的两朵“乌云”终结了牛顿机械宇宙观，形成了不连续性、不确定性的量子力学观

在宏观层面上，世界既有确定的一面，又有不确定的一面，如一个人的思维活动，谁也不会事先知道他在想什么，他要干什么；但在微观层面上，微观世界像幽灵一样，是完完全全不确定的，这一发现完全颠覆了牛顿的世界观。

我们知道，基本粒子都具有不确定性，量子力学将不确定性原理推广到所有的物体，不仅微观粒子满足，而且像一颗飞行的子弹也满足，甚至运行的地球和太阳都满足。只不过由于地球和太阳太大，以至于位置的不确定性变得很小罢了。因此，不确定现象无处不在。用量子的观念看，世界处于不确定

性之中。

硬币有正反两面，抛掷硬币时，要么出现正面，要么出现反面，究竟是出现正面还是反面，是随机的，是不确定的，但出现正面和反面的概率均为 50%。抛掷硬币时，很难重复相同的动作，也很难一次又一次得到相同的结果。在显微镜下观察布朗运动，经过下一个时间间隔时微粒的位置也是随机的。

牛顿运动定律和万有引力定律作为对大自然运动的终极描述及形成的牛顿机械宇宙观占据决定论的统治地位长达两个世纪，至今仍是有效描述地球上和宇宙间的一切物体的运动规律。只是在过去一百多年间，在量子的微观领域和宇宙超大尺度的宏观世界，牛顿力学分别被量子力学和相对论所取代。世界就是这样，在物理学的进化中，新发展既不断地摧毁旧的概念，又不断地创立新的概念，不连续性代替了连续性，放弃支配或决定个体的定律出现了概率或不确定性原理。物理学就是这样，在求知上所遭遇的困难越多，战胜这种困难的欲望与信念就越强烈，进而推动物理学进化与发展的力量就越大。

后记

2006 年，春节刚过，特意带孩子到广州购书中心购书。因为高一新课程编排了相对论方面的内容，就也给自己购了两本书，一本是郑庆璋、崔世治两位教授写的《相对论与时空》，另一本是马青平博士著的《相对论逻辑自洽性探疑》。在《相对论与时空》一书中第一次看到了“芝诺时标”，便被“芝诺悖论”所吸引，深深感受到数千年之前古人的智慧。记得当时《考试报》约笔者编一份试题，笔者还用这个素材编了一道原创题。之后又购了一本申先甲、林可济教授主编的《科学悖论集》，被书中的“说谎者悖论”“芝诺悖论”等众多悖论所吸引，这些悖论既有趣迷人，又烦心恼人，它永不褪色的魔力在于回答之难与思辨之美并存。悖论其实既是一种思辨方式，也是一种思维方式，解答这类问题，需要智慧。

2014 年 3 月，一个崭新的名词——“核心素养”首次出现在教育部的文件中。2019 年，广东教育出版社李朝明总编辑牵头组织编写出版一套“物理学科素养阅读丛书”，正切合了新时代要求，更切合了新《普通高中课程方案》的课程要求和新《普通高中物理课程标准》的教学要求。李总编辑和广东教育出版社，既为《全民科学素质行动规划纲要（2021—2035 年）》的实施提供了行动和智力支持，又为物理老师们提供了

一个交流与发展的平台。因此，当李总编辑公布丛书各册书名后，笔者选择了《物理学中的悖论与佯谬》，之所以选择这本书，一是因为物理学悖论迷人，也算是挑战自己；二是借此机会再学习梳理，以提高自身的物理素养和哲学素养；三是从一位中学物理教师的视角力争将悖论通俗化，更适合中学生和中学物理教师阅读，更适合大众读者阅读。更幸运的是笔者的写作构想得到了李总编辑的认可，在广东教育出版社编辑林桥基老师的亲自指导下，通过笔者与编辑老师的努力，终于将构想变成了现实。

本书责任编辑林桥基老师年轻有为，工作非常负责，指导非常具体，从标点符号到章节名称，从遣词造句到段落结构，从科学性到通俗性，从学术性到科学普及性，都付出了辛勤的劳动和智慧，笔者从书稿修改过程中得到了极大的收获。虽然笔者发表了百多篇文章，但像这样改稿，除了《教学研究》，从来没有过。值此本书即将付梓之际，借此机会特别感谢广东教育出版社，感谢广东教育出版社李朝明总编辑和林桥基老师。由于笔者水平有限，书中不当之处，敬请读者批评指教，您的批评与指教永远是笔者进步的动力。虽然笔者即将退休，但依然很喜欢成尚荣研究员的一篇文章——《在更大的坐标上讲述自己的故事》。

2022年10月国庆于工作室

参考文献

[1] 张建军. 悖论：人类理性之谜 [M]. 北京：中国社会科学出版社，2019.

[2] 陈波. 逻辑学是什么 [M]. 北京：北京大学出版社，2015.

[3] 申先甲，林可济. 科学悖论集 [M]. 长沙：湖南科学技术出版社，1999.

[4] 伯特兰 · 罗素. 哲学简史 [M]. 伯庸，译. 北京：台海出版社，2017.

[5] 雷海宗. 世界上古史讲义 [M]. 北京：中华书局，2012.

[6] 约翰 · 马歇尔. 希腊哲学简史 [M]. 陆炎，译. 广州：世界图书出版公司，2017.

[7] 吴国盛. 科学的故事 [M]. 南京：江苏凤凰文艺出版社，2020.

［8］陈波．思维魔方［M］．北京：北京大学出版社，2014.

［9］亚里士多德．物理学［M］．张竹明，译．北京：商务印书馆，1982.

［10］伽利略．关于两门新科学的对话［M］．北京：北京大学出版社，2016.

［11］阿尔伯特·爱因斯坦，利奥波德·英费尔德．物理学的进化［M］．张卜天，译．北京：商务印书馆，2019.

［12］刘以林．物理演义［M］．北京：华语教学出版社，1995.

［13］武际可．伟大的实验与观察［M］．北京：高等教育出版社，2018.

［14］伽利略．关于托勒密和哥白尼两大世界体系的对话［M］．北京：北京大学出版社，2006.

［15］艾萨克·牛顿．自然哲学的数学原理［M］．重庆：重庆出版社，2015.

［16］R. P. 费曼．费曼讲物理：相对论［M］．周国荣，译．长沙：湖南科学技术出版社，2012.

［17］万维钢．相对论究竟是什么［M］．北京：新星出版社，2020.

［18］郭奕玲，沈慧君．物理学史［M］．北京：清华大学出版社，2005.

［19］曹天元．上帝掷骰子吗：量子物理史话［M］．北京：北京联合出版公司，2019.

［20］爱因斯坦．狭义与广义相对论浅说［M］．杨润殷，译．北京：北京大学出版社，2006.

［21］郑庆璋，崔世治．相对论与时空［M］．太原：山西科学技术出版社，2005.

［22］张瑞琨．物理学研究方法和艺术［M］．上海：上海教育出版社，1995.

［23］杨建邺．科学大师的失误［M］．北京：北京大学出版社，2020.

［24］赵凯华，罗蔚茵．量子物理［M］．北京：高等教育出版社，2008.

［25］秦允豪．热学［M］．北京：高等教育出版社，2011.

［26］费曼，莱顿，桑兹．费曼物理学讲义（第1卷）［M］．郑永令，华宏鸣，吴子仪等，译．上海：上海科学技术出版社，2020.

［27］乔尔・利维．思想实验：当哲学遇见科学［M］．赵丹，译．北京：化学工业出版社，2020.

［28］赵凯华，罗蔚茵．热学［M］．北京：高等教育出版社，2005.

［29］牛顿．牛顿光学［M］．任海洋，译．北京：北京大学出版社，2011.

［30］乔治・伽莫夫．物理大师：从伽利略到爱因斯坦［M］．金歌，译．北京：团结出版社，2020.

［31］约安・詹姆斯．物理学巨匠：从伽利略到汤川秀树［M］．戴吾三，译．上海：上海科技教育出版社，2014.

［32］赵凯华，张维善．新概念高中物理读本（第3册）［M］．北京：人民教育出版社，2009.

［33］高鹏．从量子到宇宙：颠覆人类认知的科学之旅

［M］. 北京：清华大学出版社，2017.

［34］江晓原. 科学哲学：有一种追问没有尽头［M］. 上海：上海教育出版社，2019.

［35］吉姆·巴戈特. 量子通史［M］. 徐彬，于秀秀，译. 北京：中信出版集团，2020.

［36］加勒特·汤姆森. 伟大的思想家亚里士多德［M］. 张晓林，译. 北京：清华大学出版社，2019.

［37］朱伟勇，朱海松. 时空简史：从芝诺悖论到引力波［M］. 北京：中信出版集团，2018.